幼儿常见心理行为问题
——诊断与教育

莫源秋◎著

中国轻工业出版社

图书在版编目（CIP）数据

幼儿常见心理行为问题：诊断与教育/莫源秋著. ——
北京：中国轻工业出版社，2015.2（2024.4重印）
 ISBN 978-7-5184-0183-3

Ⅰ.①幼… Ⅱ.①莫… Ⅲ.①学前儿童-心理行为-研究 Ⅳ.①B844.12

中国版本图书馆CIP数据核字（2014）第298825号

保留所有权利。非经中国轻工业出版社"万千教育"书面授权，任何人不得以任何方式（包括但不限于电子、机械、手工或其他尚未被发明或应用的技术手段）复印、拍照、扫描、录音、朗读、存储、发表本书中任何部分或本书全部内容，以及其他附带的所有资料（包括但不限于光盘、音频、视频等）。中国轻工业出版社"万千教育"未授权任何机构提供源自本书内容的电子文件阅览、收听或下载服务。如有此类非法行为，查实必究。

责任编辑：吴 红　　　责任终审：杜文勇
策划编辑：吴 红　　　责任校对：刘志颖　　　责任监印：吴维斌

出版发行：中国轻工业出版社（北京鲁谷东街5号，邮编：100040）
印　　刷：三河市鑫金马印装有限公司
经　　销：各地新华书店
版　　次：2024年4月第1版第8次印刷
开　　本：710×1000　1/16　印张：17
字　　数：160千字
印　　数：24001—26000
书　　号：ISBN 978-7-5184-0183-3　定价：38.00元

读者热线：010-65181109
发行电话：010-85119832　010-85119912
网　　址：http://www.chlip.com.cn　http://www.wqedu.com
电子信箱：1012305542@qq.com

版权所有　侵权必究
如发现图书残缺请拨打读者热线联系调换
240449Y2C108ZBW

前　言

在写作本书的过程中，首先困扰我的一个问题就是幼儿心理行为问题是什么？如果这个问题不能得到明确的界定，这本书是没有办法写下去的。因此，在写作本书之前，我需要先弄清楚"幼儿心理行为问题"这一概念，我也觉得有必要先介绍清楚这一概念，以便读者能更好地理解和把握本书的内容观点。

我认为，幼儿心理行为问题是指幼儿经常表现出来的，既影响他人又影响自身发展的偏离社会正常要求或个人正常发展的行为和情绪异常问题。幼儿心理行为问题具有反复发生性，如果幼儿的某一问题行为是偶然发生的，就不能算是心理行为问题。如：某幼儿有一天打了自己的同伴，我们不能由此就断定他具有攻击性心理行为问题；只有他经常攻击自己的同伴，我们才能说他具有攻击性心理行为问题。

幼儿的心理行为问题是一种偏常行为，即"同年龄绝大部分孩子都有而他没有，或绝大部分孩子没有他有"的心理行为，这些行为或者持续时间太长，或者程度太严重，都可能是不正常的。如：60%以上的孩子1岁时还会尿裤子或尿床，2—3岁的孩子夜间尿床也很常见，所以，处于这个年龄段的孩子尿床是正常的；但6岁时只有不到10%的孩子尿床，因而到了6岁时仍然经常尿床可能就是不正常了。又如，绝大多数幼儿刚刚去幼儿园时都不太适应，甚至会恐惧，但他们在教师和家长的引导下能较快地适应幼儿园的环境，这是正常的表现；然而，有极少数幼儿入园半年多了还不能适应幼儿园的环境和生活，一谈到幼儿园或者让他上幼儿园时，他就神情紧张、出汗、呕吐、腹痛、腹泻等，这种所谓的"恐园症"的表现超出了一般幼儿的表现程度，就属于不正常了。

必须将幼儿心理行为问题放到相应的背景中去，才能更清楚地认识它是否正常。在一些情况下，幼儿的行为表面上看似不正常，但经仔细研究发现，它是对不正常的环境的正常反应，如教师过于严厉甚至有虐待幼儿的倾向，因而导致幼儿不愿意上幼儿园，一提到上幼儿园就大哭大闹。这种情况下，幼儿出现"恐园症"，问题不在于幼儿自身，而在于班上的不良教师。

因此，我主张不要轻率地给幼儿贴上"正常"或"不正常"的标签。

幼儿心理行为问题分为外化的问题行为（即可观察到的反映心理问题的行为，如任性、吮吸手指、黏人、恋物、自慰、口吃、攻击性行为、偷窃等）和内化的问题（即幼儿经历的一些不愉快或消极的情绪，包括抑郁、恐惧、退缩、多疑等）。

幼儿的心理行为问题普遍具有适应性意义，而非一些学者所说的"幼儿心理行为问题妨碍幼儿身心健康"，幼儿心理行为问题是幼儿心理深层问题的外部反映，它不仅提醒我们幼儿的心理处于什么样的状态，而且对缓解幼儿内心的深层问题有一定的积极意义。

矫正幼儿心理行为问题应该"标本兼治"，不能简单地采取一些行为矫正技术只"治标"——将反映幼儿内心问题的外显行为简单快速地消除，不"治本"——不解决外显问题行为背后的深层心理问题。因为只有幼儿内心深层的心理问题解决了，消除其外显问题行为才是有意义的，才是可持续的。如果只"治标"不"治本"，那么，幼儿的心理行为问题是不可能从根本上得到矫正的。

本书起名为"幼儿常见心理行为问题——诊断与教育"是有我自己的想法。采用"诊断与教育"而不采用"诊断与矫治"的原因在于，"矫治"有矫正治疗、治愈、消除的意思，而"教育"则是结合幼儿的心理行为问题进行教育，并不一定要"消除"这一心理行为问题。比如，对于幼儿的自慰行为，我们确定的教育目标是"让幼儿避免在不适宜的场所进行自慰行为"而不是"消除幼儿的自慰行为"；再如，对于幼儿吮吸手指的行为，我们的目标是"让幼儿在幼儿园里减少吮吸手指的行为"，而不是"完全消除幼儿的吮吸手指行为"。

雅斯贝尔斯认为："教育是人的灵魂的教育，而非理智知识和认识的堆集。"幼儿教师的主要职责在于关注幼儿的心灵，而不在于向幼儿传授知识技能；在于使幼儿经常处于快乐的情绪之中，在于培育幼儿良好的心理素质和发挥他们成长的潜力。仅仅能传授知识技能不能算是合格的幼儿教师，只有在保护和培育幼儿心灵方面做得出色者才能称得上优秀教师。本书旨在向幼儿教育工作者介绍呵护和培育幼儿心灵的相关知识和技能，进而有效地促进幼儿心理的健康成长。

本书分为两篇：一是基本原理与方法——向大家介绍矫正幼儿心理行为问题的基本原理与方法；二是实践与案例分析——向大家介绍矫正幼儿常见的一些心理行为问题的具体操作措施与方法。本书力图在简明扼要地阐述相关原理的基础上，重点向大家介绍面对幼儿心理行为问题，如何操作才能有效矫正幼儿的心理行为问题，进而促进幼儿心理的健康发展。

本书在编写的过程中借鉴和参阅了国内外同行的大量相关研究成果，在此向他们表示由衷的谢意！同时，由于种种原因，书中引用的小部分资料未能一一标明相关作者及材料的出处，在此对相关的作者表示歉意！

由于时间仓促，加上作者水平有限，书中定会存在不足之处，敬请阅读和使用本书的教师和朋友批评指正。

莫源秋
2014 年 10 月

目 录

第一篇　基本原理与方法

第一章　增强行为的常用技术方法 ……………………………… 3
　　一、正强化 …………………………………………………… 3
　　二、负强化 ………………………………………………… 14
　　三、间歇强化 ……………………………………………… 20

第二章　减弱行为的常用技术方法 …………………………… 27
　　一、消退法 ………………………………………………… 27
　　二、惩罚法 ………………………………………………… 38

第三章　其他矫正行为的技术方法 …………………………… 47
　　一、榜样法 ………………………………………………… 47
　　二、代币制 ………………………………………………… 49

第二篇　实践与案例分析

第四章　情绪方面的心理行为问题与教育 …………………… 59
　　一、口吃症 ………………………………………………… 59
　　二、恐惧症 ………………………………………………… 68
　　三、吮吸手指、恋物、黏人 ……………………………… 86
　　四、任性 …………………………………………………… 102
　　五、嫉妒 …………………………………………………… 110

六、自慰 ·· 121
  七、捣乱行为 ·· 126
  八、爱哭泣 ·· 132

第五章 社会性方面的心理行为问题与教育 ··················· 139
  一、攻击性行为 ·· 139
  二、"偷窃" ·· 162
  三、社会退缩 ·· 172
  四、说谎 ··· 184
  五、说脏话 ·· 198
  六、不爱分享 ·· 206

第六章 不良生活、学习习惯与教育 ································· 223
  一、尿床、尿裤子 ·· 223
  二、厌食 ··· 232
  三、挑食、偏食 ·· 242
  四、注意力不集中 ·· 251

第一篇 基本原理与方法

　　本篇主要介绍幼儿心理行为问题矫正的一般原理与方法。从矫正的效果来看,矫正幼儿心理行为问题的方法主要包括:增强行为的技术方法、减弱行为的技术方法和可以用于增强行为也可以用于减弱行为的其他技术方法。

　　掌握幼儿心理行为问题矫正的一般原理与方法,有利于幼儿教师更好地矫正幼儿的各种心理行为问题。

第一章 增强行为的常用技术方法

增强行为的技术方法就是指能提高目标心理行为的发生概率，或增加其强度，或增加其幅度，或提高其发生可能性的技术方法。本章主要介绍幼儿园增强幼儿某些心理行为的常用方法，包括：正强化、负强化、间歇强化等。

一、正强化

正强化，是幼儿心理行为矫正中增强心理行为最常用的一种方法，也是在心理行为矫正中与其他方法结合使用最多的一种方法。

（一）正强化的基本原理

正强化是指在幼儿做出某种行为或反应的同时或随后，让其得到某种令其愉快的事物，从而使该行为或反应的强度、概率或速度增加的方法。

正强化又叫作阳性强化，相当于我们生活中的表扬奖励等，但不能说表扬奖励相当于正强化，因为表扬奖励除了正强化外，还有负强化。

正强化产生效果的原理是，在特定的情境中，幼儿在做出某一行为或产生某种心理之后得到令人满意的结果，以后面临相似情境时，幼儿就更有可能重新出现该行为或心理。

案例 1-1

朋友家的鞋子

有一天，朋友的女儿嘟嘟在门口等候妈妈，时间稍稍长了点。她因无聊而心血来潮，于是把门前的拖鞋摆得整整齐齐的，正好朋友出门时看到了。

朋友问："嘟嘟，拖鞋是老师叫你摆的？"嘟嘟回答说："不是。"朋友又问："那是谁教你的呀？"嘟嘟回答说："我自己要摆的。"朋友竖起大拇指夸女儿说："嘟嘟好聪明，拖鞋摆得这么整齐，爸爸好高兴！"朋友把女儿抱起来，转了几圈放下来，看看她的表情，喜上眉梢。

第二天，不用说，她又如法炮制，而且把鞋摆得更整齐。于是，朋友摸摸女儿的头说："嘟嘟好能干，好懂事。"

第三天、第四天……结果可想而知，拖鞋每天都摆得好好的。

嘟嘟之所以会不断地将家里的拖鞋摆放得整整齐齐的，是因为她的这一行为得到了爸爸的正强化——表扬和夸奖。

幼儿教师也可以在幼儿表现出所期待的良好行为后，利用正强化技术来提高其相关行为发生的概率（参见下表）。

情境	幼儿的行为	正强化	长期效应
小茜喜欢独处	小茜偶然与别人议论昆虫	老师叫她虫博士，让她给大家讲昆虫	将来，小茜自信心增强，与别人交往增多
同伴相处	小翔向范老师称赞小斌	范老师表扬他善于发现别人的优点	将来，小翔注意别人优点的行为增加
丁老师拿了很多东西	小惠过去帮忙	丁老师连声道谢	将来，小惠帮助他人的行为增加
勤勤不会系鞋带	小健当小老师教他	勤勤非常高兴	将来，小健帮助他人的行为增加

（二）正强化的基本步骤与要求

使用正强化矫正幼儿的心理行为问题，一般按照如下步骤进行：

1. 确定正强化的目标心理行为

进行正强化，首先要明确正强化的行为是什么——如果强化的目标心理行为不是明确具体的甚至是错误的，那么，正强化就起不到促进幼儿良好行为习惯形成的作用，甚至还会误导孩子的行为。

案例 1-2

喂，……

郭强小朋友问段老师："喂，你能告诉我天为什么是蓝的吗？"这时，段老师没有表示积极关注，没有回答他的提问。

过了一会儿，郭强小朋友又问："段老师，您能告诉我天为什么是蓝的吗？"这时，段老师立刻给予反馈，高兴地对他说："你这样提问很有礼貌，段老师现在告诉你天为什么是蓝色的……"

于是，在随后的活动中，郭强小朋友学会了用礼貌的方式来向老师提问。

对幼儿的哪些行为该给予正强化，哪些行为不给予正强化，段老师非常明确，当郭强小朋友表现出她所期待的礼貌行为时，就及时地给予了正强化——及时反馈，表扬其礼貌的语言行为，这样有利于郭强文明礼貌的语言与行为习惯的形成。

2. 选择适宜的强化物

幼儿教师应该选择那些能增强幼儿预期行为发生概率的强化物。为此，我们应该注意以下几方面。

（1）强化物应该是幼儿喜欢的

在选择强化物之前，教师一定要了解幼儿比较喜欢什么样的强化物，只有强化物为幼儿所喜欢，强化对增进幼儿良好行为的发生概率才会有作用。

教师平时可以通过观察、询问等方法了解幼儿对强化物的偏好——有些强化物是幼儿共同喜爱的，有些强化物则只是某些幼儿喜欢的；有些强化物是幼儿一直喜欢的，而有些强化物则只是幼儿在某一阶段喜欢的；这个幼儿喜欢不等于那个幼儿也喜欢，幼儿某时某刻喜欢不等于他一直都喜欢。因此，教师要在了解具体幼儿在具体时段对哪些强化物特别喜欢后，为他们提供相应的强化物，引导他们良好心理行为习惯的形成和发展。

（2）强化物易于获得

应该选择那些不需要耗费过多金钱、时间和精力就可获得的事物做强化物，这样，幼儿教师在实践中易于操作和坚持。

（3）努力避免幼儿对强化物产生饱厌心理

如果幼儿对该强化物产生饱厌现象，那么，这种强化物对幼儿良好心理行为的形成就失去了促进作用。为此，教师在使用强化物时要有意识地采用多种措施避免幼儿对强化物产生饱厌心理，如平时让此种强化物处于被剥夺状态；每次少量给予；强化物要多样化；适当的时候可以向幼儿提供多种强化物，让幼儿根据自己的需要来选择强化物；将"肯定性肢体语言＋肯定性口头语言"作为常用的强化物等。

小资料 >>>

强化物的种类

强化物主要包括以下六种：

- ◆ 消费性强化物，如糖果、饼干、饮料、水果、蛋糕等。
- ◆ 活动性强化物，如看动画片、游公园、野餐烤肉、做游戏、郊游、游泳、找朋友玩、唱歌、打球、骑车等。
- ◆ 操作性强化物，如发玩具、发碗、值日等。

- ◆ 拥有性强化物，如坐一会儿大人的椅子，坐一次飞机，玩一次大型玩具，奖给香水、钱、文具、书等。
- ◆ 社会性强化，如微笑、口头鼓励、关注、抚摩、点头、温情地轻拍、拥抱等。
- ◆ 印章代币性强化物，如小红旗、红五星、小红花等。

3. 实施正强化计划

强化的目标心理行为和强化物确定后，接下来就是利用强化物对幼儿良好的心理行为进行强化的过程。为了提高正强化的效果，我们应该遵循如下一些要求。

（1）强化要及时

当幼儿出现良好心理行为时，教师要给予及时的强化。因为强化越及时，强化效果就越好；反之，就越差。

有时候，有些教师在幼儿的良好心理行为出现后没有及时给予强化，而是此后许久才给予强化，这样，很难帮助幼儿建立起强化物与良好心理行为之间的紧密联系，而且会出现没有强化良好行为反而强化不良行为的结果。

（2）强化时要对目标心理行为进行具体描述

当教师对幼儿的某种心理行为进行强化时，要明确地向幼儿描述其良好心理行为，以便幼儿明确心理行为发展的方向。在日常保教活动中，许多教师经常用"你真乖！""你真聪明！""你真棒！""你真是个好孩子！"之类的话语来强化幼儿的良好心理行为，但是这些话并不一定能够让幼儿明了什么样的心理行为才是好的，因此，这样的强化只能让幼儿高兴或兴奋甚至亢奋，但对幼儿心理行为的发展并没有积极的导向作用。

案例 1-3

我也不知道我棒在哪里

有一次，我问小朋友们："你们知道你们身上的小红花是什么意思吗？"他们摇着小脑袋很自信地说："我表现好！""我很棒！""我很乖！""我很能干！"我又问："能告诉我你们什么地方表现好，什么地方棒吗？"小朋友们不好意思地说："我不知道我什么地方表现好，反正老师说我是听话的好孩子。""我也不知道我什么地方棒，反正老师说我棒，我就是棒。"

从上述案例中可以看出教师用抽象的"好""棒""乖""能干"等词语来强化幼儿的良好心理行为，只能让幼儿盲目自信，感觉良好，但并不能对幼儿今后的发展起到良好的引导作用。

案例 1-4

你倾向于哪种强化方式

一位小朋友在没有老师提示的情况下，就将玩具收拾得整整齐齐的。

A 老师笑眯眯地走过去对孩子伸出大拇指，然后说："你真棒！"

B 老师笑眯眯地走过去对孩子伸出大拇指，然后说："你是个负责任的好孩子。老师还没有提出要求，你就把玩具收拾得整整齐齐了！"

A 老师的做法只是让幼儿"做好事"后高兴，而未能让幼儿明白今后努力的方向；B 老师的做法不仅让幼儿"做好事"后高兴，而且让其明白了今后该怎么做。如：在游戏活动结束后，老师让幼儿把积木收拾好，有些积木掉在地上，两个幼儿同时看见了，一个幼儿视而不见，另一个幼儿主动把那些积木收拾整理好。这时老师对主动收拾玩具的幼儿说："你帮助大家收拾玩具，看到掉在地上的积木能主动地收拾好，你做得很好，老师真为你高兴。"

这样既肯定了幼儿的行为，又强化了幼儿关心集体、爱护公物的良好行为。

（3）逐渐增加社会性强化物的比例

在正强化过程中，随着幼儿良好心理行为的逐渐稳固，幼儿教师应该逐渐减少物质性强化的比例，增加精神性强化（如微笑、口头鼓励、关注、抚摩、点头、温情地轻拍、拥抱等）的比例，这样有利于减轻幼儿对强化物的依赖，为后续脱离正强化程序做准备。

案例 1-5

郑老师，你今天奖给我们什么呀

郑老师习惯在每次活动结束时奖励小朋友们不同的奖品，如糖果、小星星、饼干等。

今天晨间活动后，郑老师只是口头表扬小朋友们把玩具送回家，比昨天有进步，可是却忘记准备奖品了。

所有的小朋友都大声嚷嚷："郑老师，你今天奖给我们什么呀？是不是比昨天的奖品更多呀？"

上述案例说明这种纯粹的物质强化会给教师的工作带来极大的方便，但是幼儿对物质奖励的过分依赖会严重影响幼儿的自我判断，从而不利于幼儿独立性和自控力的发展。

（4）避免正强化的误用

正强化可以用来增强幼儿良好的心理行为，但如果使用不当，反而会增强幼儿的不良行为（参见下表）。

情境	幼儿的行为	正强化	长期效应
吃饭中	小宇边吃边玩	老师说了多次小宇仍不改，老师只好随她	将来，小宇边吃边玩的行为增多
吃饭中	于丽看着饭菜就是不自己吃	老师多次劝导无效后，只好喂她	将来，于丽等着老师喂的现象增多
小小班的晓虹睡醒	哭着喊着要老师抱抱	老师赶紧停下给其他孩子穿衣服的工作来抱她	将来，晓虹哭着喊老师抱的行为增加
涂图跌倒	哭	老师赶紧跑过去抱他	将来，涂图跌倒时哭的行为增加
上床睡觉	小智脱了袜子乱丢	老师帮他收拾	将来，小智乱丢袜子的行为增加
晓桦刚刚进入班级活动室	妈妈离开时就哭泣	妈妈回来抱她、安慰她	将来，晓桦的哭泣行为增加
晋勇看着谷城在玩玩具小汽车	谷城的玩具小汽车被晋勇抢走，向老师告状	老师告诉谷城拿别人的玩具玩	将来，晋勇抢玩具的行为增加
吃完午饭去睡觉	西庆没有把椅子收好就走了	老师顺手收好	将来，西庆不收椅子的行为增加
集体教学活动中	马乐扰乱秩序以引起小朋友和老师的关注	老师叫他坐在前面	将来，马乐扰乱秩序以引起关注的行为增加
集体教学活动中	申晓涛扮鬼脸	小朋友们都笑了，老师也忍不住笑了	将来，申晓涛在教学活动中扮鬼脸的行为增加
集体教学活动中	乐施和几个小朋友不乖，被带到寝室里罚站	老师不管了，乐施和几个小朋友在寝室里玩得可痛快了	将来，小朋友们在教学活动中不乖的行为增加
午睡起床	巫敏哭着喊："老师，我不会穿衣服。"	老师急忙过去帮她穿衣服	将来，巫敏哭喊不会穿衣服的行为增加

第一章　增强行为的常用技术方法

续表

情境	幼儿的行为	正强化	长期效应
孙聪来到自由活动区	当着老师的面抢申毅正在玩的羊角球	老师没有处理	将来，孙聪的抢夺行为增加
于帆欺负了淳晨	淳晨向老师哭诉	老师没有批评于帆，却告诉淳晨以后不要跟于帆玩	将来，于帆欺负人的行为被强化
屠艳午睡起床时袜子不见了	屠艳向老师大声喊话："老师，我的袜子不见了！"	老师说："别急，我来帮你找，我是找东西的高手。"	将来，一旦东西不见了，屠艳就会向老师大声喊话："老师，我的东西不见了！"
咪咪的智商有点低，喜欢吃山楂片。有一次老师正在上课，咪咪举手，向老师要山楂片，老师没有理睬	咪咪开始咬自己，用头撞桌子	老师赶紧跑过去，给了她山楂片	将来，咪咪通过咬自己或用头撞桌子要山楂片的行为增加
早上上幼儿园	小霞到幼儿园后拉住妈妈不让她回家	妈妈只好留下来陪她	将来，小霞到幼儿园后不让妈妈回家的行为增加
妈妈忙着工作，智美睡觉醒来	智美哭着要妈妈	妈妈赶紧停下工作去抱她	将来，智美想让妈妈抱就哭的行为增加，哭甚至会成为智美想达到自己要求的一种手段
上学时间到了	小玉装病不上学	妈妈同意了	将来，小玉不想上学就装病的行为增加
客人来访	小勇吵着要买零食	母亲看在客人的面上只好给他钱去买	将来，客人来小勇就用"吵"来达到目的的行为增加
小平放学回家	脱鞋袜乱丢	妈妈随后帮他收拾	将来，小平脱鞋袜乱丢的行为增加

续表

情境	幼儿的行为	正强化	长期效应
爸爸丢了钱，气呼呼地问是谁拿的	钱是小牛偷的，但他不承认	妈妈担心小牛被揍，便说钱是她拿的	将来，小牛偷窃且不承认的行为增加
妈妈要送小琳去幼儿园	小琳不愿意去，大哭	妈妈说："你要是去幼儿园，下午我就给你买好玩的玩具。"下午妈妈接小琳回家时，真的给她买了玩具	将来，小琳想让妈妈买什么，妈妈不同意，她就不愿去幼儿园并大哭的行为增加
妈妈正在做饭	小飞喊："妈妈，我的飞机找不到了！"	妈妈立刻放下手里的活儿，帮小飞找飞机，爷爷奶奶也过来帮忙，几个人齐心协力，终于把飞机找到了	将来，无论什么东西不见了，小飞都不会自己去寻找，而是喊："妈妈（爸爸、爷爷、奶奶），我的××找不到了！"
建构室里	艾琳玩完后将建构材料到处乱扔	季老师顺手帮她收拾、放好	将来，艾琳玩玩具时乱扔玩具的行为增加

因此，对幼儿的行为做出反应之前要慎重考虑：我们的反应会不会无意中强化了幼儿的不良心理行为。

上表中正强化误用的例子表明，其误用的实质是强化了不良行为，使不良心理行为出现的概率增加。事实上，大多数幼儿的不良心理行为都是由于成人不恰当的强化引起的。因此，幼儿教师在日常保教活动中要谨慎、小心，尽量避免或减少正强化的误用现象，以免误导幼儿，损害他们的健康发展。

另外，幼儿教师不应该在强化后不久就提出批评，比如，"你画画画得很认真，但是你看这里还是没有涂好颜色"，"这次你虽然做得不错，但是动作慢了一些"等，如此一来，如果幼儿的参与动机不强，那么这种强化之后的批评很容易降低幼儿从事某种活动的意愿。

4. 结束正强化计划

应该记住"强化是为了不强化"这一正强化原则，即强化是为了让幼儿形成良好的心理行为习惯后，即使不再被强化，也仍然能表现出良好的心理行为。

当幼儿良好的心理行为稳固后，应该将连续的正强化转变为间歇正强化，并逐渐延长间歇的时间。当间歇时间的距离无限大时，就结束正强化。

案例 1-6

强化依赖症

方一菲是个人见人爱的小朋友，宁老师平日里总是对她赞不绝口。即使方一菲只做了很小的一点事，宁老师也会说："一菲你真棒！"一个周五的下午，方一菲在建构室里玩，玩得高兴时发疯般地把建构材料扔得满地都是。宁老师说："一菲，你越大越不像样了，竟然乱扔建构材料。快捡起来！"方一菲根本不理睬宁老师的指令。宁老师怒火中烧，一把把方一菲拎到寝室去反省。过了一会儿，宁老师来找方一菲，跟她讲道理，方一菲也表示自己错了，宁老师还是要求她把建构材料捡起来。方一菲这时噘着嘴小声地求宁老师："那你夸夸我，说我真棒，真是个好孩子。"宁老师说："你明明犯了错误，让我怎么夸你真棒？！"方一菲立刻表现出很难受的表情。宁老师赶紧哄她说："你真是个好孩子，你很棒！"方一菲马上笑着去收拾建构材料了。

过多的正强化会让幼儿对正强化产生依赖，没有得到"正强化"就不做自己该做的事情。这种强化对幼儿的成长是十分不利的。

二、负强化

负强化，是幼儿心理行为矫正的另一种方法。

（一）负强化的基本原理

负强化就是在行为者出现预期的心理行为后取消、减少、减弱、延缓出现令其不愉快的强化物（如否定性语言、警告、瞪眼、暂停某项活动、用力抓住以及能引起不适感的刺激，如刺耳的声音、难闻的气味、轻微的电击等或弹橡皮圈——被试在手腕上套橡皮圈，当不良行为发生后，自己拉弹橡皮圈），从而提高该行为发生概率的一种心理行为矫正方法。

案例 1-7

谁改造了谁

濮琦发现冰箱里有冰激凌，于是，他跟妈妈说："我想吃冰激凌"。妈妈不让他吃，因为马上就要吃饭了。于是，濮琦就不停地哭闹。最后，为了让濮琦停止哭闹，妈妈还是给他吃了冰激凌。得到了冰激凌，濮琦立马停止了哭闹。

在上述这个例子中，妈妈"运用"负强化，成功地"塑造"了濮琦"饭前吃冰激凌"的行为。具体分析请看下表：

情境	妈妈的行为	负强化	长期效应
濮琦哭闹	妈妈允许濮琦吃冰激凌	濮琦立马停止了哭闹	将来，濮琦哭闹，妈妈就会允许濮琦吃冰激凌，甚至还会泛化到其他类似的行为之中

负强化的原理是：某一行为的发生如果能够使行为者逃脱正面临的厌恶性刺激或情境，或者能够避免厌恶性刺激的出现，那么以后该行为的发生概率就会提高。

与正强化一样，负强化也是为了增强行为，但正强化的"正"指的是心理行为出现之后某一刺激的呈现；而负强化的"负"则指的是某一刺激的取消、减少、延缓出现或强度减弱。

有时，支配幼儿做出某种良好心理行为的事物，既有正强化的性质，也有负强化的性质。如，幼儿表现得"很乖"的原因有二：一是"很乖"可以得到老师的表扬奖励（正强化）；二是"很乖"可以逃避因"不乖"而被批评惩罚（负强化）。

负强化分为：社会性的负强化和自动性的负强化。通过其他人帮助自己去除厌恶性刺激形成行为的过程属于负强化中的社会性负强化；通过自身行为产生自然结果达到的负强化是自动性的负强化（参见下表）。

负强化种类	情境	幼儿的行为	负强化	长期效应
社会性的负强化	尉小敏爱咬指甲，老师在其手指上涂上其厌恶的胡椒粉	尉小敏不咬指甲了，而是用指甲钳把长长的指甲修剪掉	老师看到"尉小敏不咬指甲了，而是用指甲钳把长长的指甲修剪掉"后很高兴，不再在他手指上涂胡椒粉了	将来，尉小敏咬指甲的行为会减少，而用指甲钳把长长的指甲修剪掉的行为会增加
社会性的负强化	曾伟被父母打骂	曾伟连声说："我错了，我今后一定改……"	父母停止对曾伟的打骂	将来，被父母打骂后，曾伟马上认错的行为增加
自动性的负强化	聂蕾的眼睛痒	他用手狠狠地揉搓眼睑	眼睛痒的感觉消失	将来，聂蕾因眼睛痒而揉搓眼睑的行为增加

续表

负强化种类	情境	幼儿的行为	负强化	长期效应
自动性的负强化	文勇的个子不高，有点懦弱，经常被一些小朋友欺负	有一天，被方柯欺负时，文勇忍无可忍，怒目圆睁，紧握拳头大声喊："你为什么总是欺负我？！"	方柯被文勇的架势吓呆了，马上停止了欺负行为	将来，文勇被人欺负时，"怒目圆睁，紧握拳头大声喊"的行为增加

负强化与惩罚不同。许多人甚至有不少学者将负强化等同于惩罚，这种认识是错误的。从目的来看，负强化的目的是增加目标心理行为发生的概率，而惩罚的目的是减少甚至消除目标心理行为的发生；从内心体验来看，负强化后感受到的是厌恶性刺激去除后的愉快体验，而惩罚后感受到的是痛苦等不愉快体验；从操作内容来看，负强化是取消、减少、延缓出现、减弱厌恶性刺激，而惩罚则是增加或增强厌恶性刺激。美国心理学家霍尔兰和斯金纳把正强化、负强化、惩罚列成下表来区别：

	给予	取消
令人愉快的刺激	正强化	惩罚
令人厌恶的刺激	惩罚	负强化

（二）负强化的基本步骤与要求

使用负强化矫正幼儿的心理行为问题，一般按照如下步骤进行。

1. 确定负强化的目标心理行为及其发生的情境

运用负强化技术矫正幼儿心理行为问题的第一步就是确定负强化的目标心理行为，负强化针对的目标心理行为一定是良好的心理行为，同时确定该负强化过程中所涉及的厌恶性刺激有哪些，为良好心理行为发生后去除这些厌恶性刺激做准备。

负强化积极效果发生的前提条件是厌恶性刺激原本就真实地存在着。如果没有与目标心理行为相关的被试厌恶性刺激存在，那么，负强化的设计与实施就无从谈起。因此，负强化实施之前的与目标心理行为相联系的厌恶性刺激的确定也就成了负强化能否有效进行的关键。

与目标心理行为相联系的厌恶性刺激有两种来源：一是生活环境中自然存在的厌恶性刺激，如老师决定带小朋友们到雨中散步，出发之前小朋友们都带上了雨伞或穿上了雨衣，这样就避免了被雨淋湿头发和衣服这一厌恶性刺激——这里的"被雨淋湿头发和衣服"就是一种生活环境中自然存在的厌恶性刺激。二是根据目标心理行为的塑造需要而人为地设置的某些厌恶性刺激，如车小鹏有吮大拇指的不良习惯，老师征得了家长的同意，在他的大拇指上涂上黄连粉，每当车小鹏吮大拇指，就会感到苦，为了逃避这个厌恶性刺激，车小鹏就不再吮大拇指了。若干次以后，车小鹏知道不吮大拇指可避免苦的感觉并形成了回避条件反射，于是改掉了吮大拇指的习惯。

2. 确定负强化的实施过程

在确定了目标行为以及行为发生的厌恶性刺激情境之后，干预者需要考虑如何实施这个负强化的过程。负强化包括逃避和回避两个过程，在制订矫正计划时，要考虑首先选用哪一种程序。

A．逃避过程模式：厌恶性刺激→出现预期的良好心理行为→可终止厌恶性刺激。

B．回避过程模式：听到信号→出现预期的良好心理行为→可免受厌恶性刺激。

如果选用回避过程，那么就要考虑能够让幼儿意识到厌恶性刺激就要到来的信号是什么，如表情、动作、口令、有节奏的铃铛声、弹钢琴的旋律、哨声的长短强弱等；如果选用的是逃避过程，那么也要考虑与厌恶性刺激一起使用的信号是什么，而且在实际实施过程中，信号一定是出现在厌恶性刺激之前的。另外，幼儿教师还需要考虑怎样让负强化从逃避过程转向回避过程（参见下表）。

信号	幼儿的行为	负强化	长期效应
幼儿吃饭时，有人聊天，不好好吃饭，老师说："哪里还有声音？"	说话的幼儿停止说话	老师没有进一步批评刚才说话的幼儿	将来，吃饭时只要听到老师说"哪里还有声音？"，说话的幼儿就会停止说话
在集体教学活动中，有些幼儿东张西望，老师说："小朋友的眼睛？"	幼儿马上精神振作地回应："看老师！"然后将视线转向老师，专注地听课	老师没有进一步批评刚才东张西望的幼儿	将来，在集体教学活动中，只要听到老师说"小朋友的眼睛？"，幼儿就会马上精神振作地回应："看老师！"然后将视线转向老师，专注地听课

3. 负强化的具体实施

矫正计划制订好之后，就可以具体实施了。在实施的过程中，应该注意以下几点。

（1）负强化要及时

在实施负强化的过程中，将幼儿的目标心理行为的出现与厌恶性刺激的消除、减少、减弱或者延缓到来结合得越紧密，其强化的效果就越好。因此，如果采取的是逃避过程，那么，应该在目标心理行为出现后马上消除、减少、减弱或者延缓厌恶性刺激的到来；如果采取的是回避过程，那么应该给予警告信号，当幼儿出现了目标心理行为时，教师立即停止给予厌恶性刺激。

（2）负强化要坚持一致性原则

负强化与正强化一样，都需要一个连续强化的过程才能有效。因此，在负强化的实施过程中，每一次目标心理行为的出现都应能使厌恶性刺激消除、减少、减弱或者延缓出现——无论哪位教育者在场，无论在什么时候、在什么条件下出现目标心理行为，都应该保持负强化的一致性，这样才能取得预期的教育效果。

另外，应该注意负强化与目标的一致性，即只有当幼儿表现出目标心理行为时才给予负强化，而出现其他非目标心理行为时，则不应给予负强化。在这方面所有的教育者都应该保持高度一致。

（3）回避过程优先原则

由于逃避过程中的厌恶性刺激是真实存在的，幼儿会亲身体验到，而且由于厌恶性刺激或多或少都会对幼儿的心理产生负面影响，所以在采用负强化进行干预的过程中，应该优先选用回避的过程。

为了更好地发挥回避过程的强化作用，必须在实施负强化计划之前，让幼儿充分认识到信号与随后的厌恶性刺激的关系，否则，采用回避过程是非常困难的。

（4）负强化与正强化结合使用

当良好的目标心理行为出现之后，除了厌恶性刺激出现变化（负强化）之外，如果同时及时地给予正强化，那么，目标心理行为的形成和维持就会更容易。这样的强化方式能够让幼儿对良好心理行为表现出更加强烈的动机。

案例 1-8

打 招 呼

阳扬是个内向害羞的孩子，父母发觉他不会跟小朋友或老师打招呼，更谈不上问候，而其他小朋友的嘴巴很甜，他们的心里真是有点不是滋味。

爸爸：阳扬，你看见你们班的老师和小朋友怎么不打招呼？

阳扬：我不敢。

爸爸：好，从现在开始，凡是碰到熟人，你没有跟人家打招呼，我就禁止你外出，甚至周末也不得外出；如果你能跟熟人打招呼，周末我就带你上公园玩你最喜欢的碰碰车和过山车。好吗？

阳扬：好的！

从此以后，阳扬俨然变成了另外一个人，开始主动跟人家打招呼了。

阳扬之所以变成了另外一个人，主要是因为他爸爸为他制造了一种令其厌恶的情境——"禁止外出"，阳扬为了回避这项令其讨厌的刺激，只得跟熟人打招呼；而当他跟熟人打招呼后，父母就消除"禁令"（负强化），同时还带他上公园玩他最喜欢玩的碰碰车和过山车（正强化）——负强化、正强化的双倍诱因，让阳扬有了"勇敢地跟熟人打招呼"的动力。

（5）负强化不能"负"了其他良好素质的正常发展

负强化过程中所消除、减少的"厌恶性刺激"不应该是幼儿必备的良好素质或习惯，如：我们不能因为孩子吃饭时表现好而取消幼儿厌恶的饭后"洗碗"、"擦桌子"等行为；也不能因为孩子睡午觉纪律好而取消幼儿厌恶的"扫地"工作。

教师一定要注意，千万不能因为孩子在某方面表现好而把孩子应该负责却厌恶的责任取消，否则，这样的负强化可能得不偿失。

三、间歇强化

（一）间歇强化的基本原理

间歇强化是相对于连续强化（对发生的行为每次都给予强化来提高该行为的发生率）的一种强化，即对发生的行为不是每次，而是间断地给予强化来提高该行为的发生率。研究表明，由于间歇强化而增加的行为比由于连续强化而增加的行为保持得更好、更巩固、更不容易消退。这是因为偶然得到强化的个体对没有强化的情况具有更好的韧性，间歇强化比连续强化能产生更强的抵抗消退作用，所引起的行为要持久得多。

对行为进行间歇强化可以直接或者间接地围绕行为的比例以及时距进行，尤其是行为的比例。比例的强化要求强化之前个体的行为必须发生一定的次数，而时距的强化则要求行为在获得强化之前需要持续一段时间。另外，我们还可以根据对个体行为要求的次数或者时距是不变的还是可变的，将强化程序划分为固定强化和可变强化。因此，具体来说，间歇强化共有四种，分别是固定比例强化（指只有当行为者做出的反应达到所要求的次数时，该行为才能得到强化，如按销售额提成）、可变比例强化（指个体每次强化所要求的行为反应次数是可变的，不是固定的，而且是不可预测地在发生变化，如彩票中奖、赌博输赢）、固定时距强化（也称固定时间间隔强化，指需要强化的行为在前次强化之后，经过某段固定的时间再次发生就给予强化，如计时工资）和可变时距强化（也称时间间隔强化，指前次强化发生之后到下次强化发生之前，两者之间的时间间隔是不固定的、可变的，如随时进行奖励）。

研究表明：总体上，可变比例强化的效果比固定比例强化的效果好得多。可变比例强化通常能使个体产生快速的行为反应，而且行为与行为之间很少有迟疑。另外，可变比例强化所维持的行为更加一致、稳定，由于每一次强化所要求的行为反应次数变动的范围比固定比例强化要大，幼儿每次强化所要求的行为次数不同，幼儿不知道下一次强化所要达到的行为次数是多少，所以幼儿的行为更不容易消退；而且，每次强化之后幼儿不会像固定比例强化程序那样出现强化之后行为停顿的情况。

研究还表明：总体上，可变时距强化的效果比固定时距强化的效果好得多。可变时距强化所维持的行为更持久、更稳定，而且，可变时距强化所维持的行为在两次强化之间没有任何停顿的现象，这一点与可变比例强化相同。

案例 1-9

哪种应约效果更好

一个女人想控制一个男人，对于这个男人的约会请求，女人最有效的应对方式是：

A.答应他的每一次约会请求。

B.从不答应他的约会请求。

C.被约两次、三次、四次或五次，不规则地答应他的一次约会要求。

如果是你，你会选择哪一项呢？不同的人会有不同的选择。不过，从心理学的角度来讲，最有效的答案应该是 C，即"被约两次、三次、四次或五次，不规则地答应他的一次约会要求"。这是为什么呢？请看如下分析：

选择 A——答应每一次约会请求，可能会带来两种负面效果：一是让男人觉得这样的女人太容易得手而不珍惜；二是男人的每次愿望都得到满足，容易让他没有期待，很快会厌倦。

选择 B——从不答应约会请求的效果也不会理想，可能会让男人大受打击进而放弃。谁都知道，屡遭拒绝的滋味并不好受，时间一长，对方可能会心生畏惧、转移目标。

选择 C——被约两次、三次、四次或五次，不规则地答应他的一次约会要求，如果男人得到这样的回应，一种"说不定她会答应我"的期待感会促使他对这个女人抱有持续的关注。更进一步来说，这往往可以让男人更加迷恋这个女人。"C"所使用的技术就是心理学上的间歇强化技术。

（二）间歇强化的基本步骤与要求

使用间歇强化矫正幼儿的心理行为问题，一般按照如下步骤进行。

1. 确定强化的目标心理行为

实施任何心理行为矫正程序，首先都必须确定目标心理行为。因为目标心理行为是心理行为矫正的出发点和归宿，间歇强化也不例外，在实施间歇强化之前要明确目标心理行为，这样后继的矫正工作才能有目的、有计划、有效地进行。

案例 1-10

每周明星

王老师为表扬每个孩子的优点，以增强大家的自信心，促进全班小朋友和谐、健康地发展，设立了"每周明星"。

王老师把班上小朋友的名字放在盒子里，每周抽出两个小朋友的名字，这两个小朋友就是本周班上的明星小朋友。

老师要求班上的其他小朋友描述这两个明星小朋友的优点，然后将这些优点及他们的相片贴在本班活动室门旁边的宣传栏里。

一学期下来，王老师所带班级的气氛改变了很多，孩子们各方面的表现也相当突出。

每周两位明星，由全班小朋友描述他们的优点，一则使明星小朋友获得肯定，增强其信心；二则可供全班小朋友学习；三则每周定期更换——固定时距强化，长期熏陶，有利于幼儿向积极的方向发展。

间歇强化所针对的心理行为通常是幼儿已经固定了的或者已经具有较高发生率的心理行为。如果行为干预的目标是为了增加幼儿的心理行为或者使某种心理行为固定下来，那么，此时所采取的强化方法应该是连续强化而不应是间歇强化。也就是说，当幼儿还处于心理行为学习阶段，高频率的强化甚至连续强化是比较好的策略；但是，当幼儿的这种心理行为已经固定下来时，强化模式就应该转变为间歇强化，并且要用幼儿生活中的自然结果来维持个体的心理行为。

2. 选择适合于目标行为的间歇强化类型

前面我们谈到了间歇强化主要有四种不同的类型，每种间歇强化类型都有自己的优势和劣势，必须根据目标心理行为的性质和特点仔细选择。通常，最好选择那些便于操作的间歇强化类型。

至于在四种类型中做出选择，就行为的持久性而言，间歇强化较连续强化有效，而可变时距强化和可变比例强化又比固定时距强化和固定比例强化有效；以行为的发生率和努力程度而言，固定比例强化较固定时距强化为佳，而可变比例强化又比可变时距强化为好。就整体而言，最有效且最有力的强化方式是可变比例强化，固定比例强化次之，接着是可变时距强化，然后是固定时距强化，最后是连续强化。

因此，设计间歇强化时，应以可变比例强化为主，其他间歇强化方式为辅，保证在一定的时间范围内，幼儿出现一定数量范围内的良好心理行为后都有得到强化的机会，这样才能确保幼儿不断地保持"表现好"的欲望和斗志。

案例 1-11

井然有序的集体教学活动

司老师执教班级的集体教学活动总是井然有序，幼儿的纪律一直都很好。对此，司老师总结的经验中有这么一条：只要全班幼儿能集中注意、配合教学，她就尽可能地对全班幼儿给予口头语言或体态语言的表扬和赞赏。这种对幼儿肯定的做法在每次集体教学活动中约有 8 次，这 8 次分散在集体教学活动的 25 分钟之内。

由于四种间歇强化程序各有千秋，在实际训练时，可以把几种方法结合起来使用。这样做的目的是避免使用单一程序产生的副作用，让每种程序的优势互补，使训练取得最佳效果。例如，对于幼儿吃饭慢而且边吃边玩的行为，可以要求幼儿必须在 25 分钟之内完成吃饭任务，而且在此期间要不定时地检查幼儿是否在吃饭。把固定比例强化、固定时距强化、可变时距强化结合起来，使幼儿在 25 分钟之内必须一直在吃饭，这样目标行为才能够得到强化。

3. 精确把握强化的时机

比例强化需要根据心理行为发生次数来确定强化的时机；时距强化需要根据时间来确定强化的时机。这就要求强化者对良好心理行为发生的次数和时间有一个很好的把控，因此，适当的记录工具和计时工具是必要的，这样才能确定什么时候给予强化物、什么时候不给强化物。

4. 把强化计划告诉幼儿

让幼儿了解间歇强化的程序和实施强化的条件，有利于幼儿对强化有正确的预期，进而更好地调节自己的心理行为。

5. 要有足够的耐心

心理行为习惯的形成和去除不是一朝一夕就能完成的，因此，用间歇强化来培养或去除幼儿的心理行为习惯需要我们有足够的耐心，不断地坚持方能取得预期的教育效果。

参 考 文 献

[1] 吕静. 儿童行为矫正 [M]. 杭州：浙江教育出版社，1992：56-57，76.

[2] 岑国桢. 行为矫正：原理、方法与应用 [M]. 上海：上海教育出版社，2013：128.

[3] 林正文. 儿童行为的塑造与矫正 [M]. 北京：北京师范大学出版社，1998：88-107，385-422，574.

[4] 昝飞. 行为矫正技术 [M]. 北京：中国轻工业出版社，2009：82-93，105-109.

[5] 许华红. 行为改变技术 [M]. 天津：天津教育出版社，2007：86.

第二章 减弱行为的常用技术方法

减弱行为的技术方法就是使目标行为的发生概率降低，即予以消除，或使其发生概率降低，或使其强度减弱，或使其幅度变小及减少其发生可能性的技术方法。幼儿园减弱幼儿的某些心理行为的常用方法有消退法、暂停法、反应代价法、矫枉过正法、系统脱敏法、惩罚法、厌恶疗法、暂时隔离法。本章主要介绍消退法和惩罚法。

一、消退法

（一）消退法的基本原理

消退法指通过对以往强化过的行为不再进行强化的过程来促使行为减少甚至消失的技术方法。

案例 2-1

消退涂威的摇晃行为

涂威是个大班的孩子，他希望得到老师的关注。有一天，他在老师讲课时不停地把自己的椅子左右摇晃，鄢老师温和地提醒他这一行为的危险性，但他只是对鄢老师笑了笑，依然我行我素，于是，鄢老师不再理会他。

大概过了十多分钟，涂威因摇晃得过分厉害而跌倒了，鄢老师还是"专注地"组织她的教育活动。涂威爬起来，摸摸自己的脑袋，安静地坐了下来……

鄢老师矫正涂威摇椅子的行为使用的就是消退法。

涂威摇椅子的目的是为了得到鄢老师的关注。起初他摇椅子的时候得到了鄢老师的关注（鄢老师提醒他就是对他的一种关注），于是，他对鄢老师笑了笑——他的目的达到了，于是继续摇椅子。

可是，后来不管涂威怎么摇椅子，甚至摇得自己跌倒在地上，鄢老师都不给他任何关注——不给予强化，最后，涂威只好放弃摇椅子这一行为。

消退是撤除原有的维持行为的强化物的过程。也就是说，要消退的行为原来是依靠某一强化物维持的，我们所做的消退就是撤除相关的强化物，进而减少甚至消除相关联的行为。消退的原理就是，如果某一行为是由于强化而增加了发生率，那么完全停止给予这种强化就可以降低该行为的发生率。

案例 2-2

这些方法是消退法吗

A. 每次当中班的小源哭闹着提出无理要求时，老师总是不给予满足，于是小源的哭闹行为慢慢地减少了。

B. 大班的范晓伟给微胖的韦老师起了个外号"胖胖老师"，每次见到韦老师他都大声地朝韦老师喊："胖胖老师……"对此，韦老师从一开始就未曾给予他任何回应。慢慢地，范晓伟自觉无趣就不再喊韦老师"胖胖老师"了。

C. 李晓冉总喜欢在各项教育活动中对张老师做鬼脸，并且每当他做鬼脸时，张老师总是停止正在进行的活动去哀求他："晓冉，请你专心听课，求求你别做鬼脸了！"有时张老师甚至还为此而生气。可是，李晓冉不仅不听张老师的话，而且变得更高兴。后来，张老师听了其他有经验的老师的意见，不再理睬李晓冉在教育活动中做鬼脸的行为——不哀求，不批评，不关注——照常组织教育活动。一个星期后，李晓冉做鬼脸的行为消失了。

D. 言晓宁有一辆电动遥控玩具汽车，由于车里面的电线接触不太好，所以他每次打开玩具汽车的开关后，都会很自然地拍两下，这样玩具汽车就开始工作。可是，有一天，不管他怎么拍，玩具汽车就是不响，第二天也一样。从此以后，言晓宁就不再拍打这辆玩具汽车了。

案例 A 和案例 B 中，教师使用的不是消退法，因为之前教师未曾对幼儿的不良心理行为采取过任何强化。

案例 C 中张老师所采用的是消退法，因为李晓冉"做鬼脸"后，张老师采用了"哀求"、"生气"等关注方式强化了李晓冉的"做鬼脸"行为——李晓冉在教育活动过程中"做鬼脸"的目的就是引起张老师对他的关注，而张老师的"哀求"、"生气"等刚好满足了他获得关注的心理需要，而后来，张老师对李晓冉的"做鬼脸"行为采取了"不予理睬"的战术，也就是撤除了原有的能满足李晓冉被关注的需要的行为——哀求、生气等，在多次"做鬼脸"未能如愿地得到关注后，李晓冉的"做鬼脸"行为也就逐渐地消失了。

案例 D 中，言晓宁"拍玩具汽车行为"的消失也属于消退法。只不过，它的消退不是通过人为地撤除相应的强化物，而是其行为的自然后果导致强化物的消失。

另外，对消退法中的"不给予强化"要有正确的认识。有些人认为，"不给予强化"就是"忽视"或"不给予关注"。这种认识是错误的。因为消退是针对维持不良心理行为的强化物而言，但并不是所有的不良心理行为发生的动因都是为了引起他人的关注，只有当某一不良心理行为发生的动因是为了引起他人关注的时候，忽视才等于消退。

对于幼儿为了引起他人关注而出现的不良心理行为，可以采取不予理睬的策略来消退它，这些策略有：不批评儿童、不与儿童争辩交谈、不与儿童有任何的目光接触、转移对儿童的所有关注、关注其他的事情、离开儿童所

在的场所等。请看下表:

情境	幼儿的行为	负强化	长期效应
教学活动中	关敏没有举手就抢着回答问题	教师不理会她	将来,关敏不举手就回答问题的行为减少
教学活动中,教师提问小朋友	丰华举手并大叫"叫我!叫我!……"	教师没有叫他回答问题,甚至连看也没看他一眼	将来,丰华在表达回答问题的愿望时大喊"叫我!"的行为减少
教学活动中	王牛"做鬼脸"	教师视而不见,小朋友们也不关注他"做鬼脸"的行为	将来,王牛在老师和小朋友面前"做鬼脸"的行为减少
活动室里	沙亮说脏话	老师和小朋友们都不理会他	将来,沙亮说脏话的行为减少
曾文君在画画	耿伟过去捣乱	曾文君继续画画,不理他	将来,耿伟在别人做事时去捣乱的行为减少
老师告诉步小步怎样画画	居勇过去插嘴	老师和步小步都不理会居勇	将来,居勇在别人交谈时插嘴的行为减少
自由活动中	古明告状说××不好	老师不理会他	将来,古明无端告状的行为减少

(二)消退法的基本要求与步骤

1. 使用消退法的基本要求

在使用消退法矫正幼儿的心理行为问题时,遵循下述基本要求能够更好地发挥其作用。

(1)坚持一致性原则

使用消退法要注意坚持一致性原则。因为消退的过程中最关键也最困难的一点就是教师的态度和要求的一致性，所以教师要做到：

①前后一致。

如果决定要消退幼儿的某种不良心理行为，那么，教师就应该持之以恒地坚持既定的要求，不要今天这样做，明天又由于种种原因而放弃原有的要求。

案例 2-3

小佟最终获胜

以前小佟一想吃糖果就大哭，随后往往如愿以偿。

但有一天，小佟的妈妈突然决定消退小佟通过大哭来获得糖果这一行为……

一次，小佟想吃糖果，妈妈不给，小佟就拿出看家本领——"哇哇"大哭起来。但妈妈还是狠起心肠硬撑，说不给就是不给。小佟无可奈何，哭久了，非常不舒服，沙哑的声音连自己听起来也觉得讨厌，只好算了。

又一次，小佟又想吃糖果，妈妈还是不给；小佟张嘴大哭，但妈妈仍然坚持不给。这时有客人登门拜访——有客人在，孩子哭哭啼啼的不像话，妈妈只好给他糖果。

再一次，小佟又想吃糖果，妈妈还是不给，小佟就大哭，巧的是此时手机铃声响了，妈妈接听手机怕吵，只好拿一颗糖给小佟，小佟当然也就不哭了……

妈妈起初能坚持原则——不管小佟为了得到糖果怎么哭，就是不给他，即不给予强化——其目的很明确，就是想消退小佟通过哭来获得糖果的行为；但有一次"有客人来"，妈妈坚持不住了；又有一次妈妈"要接手机"，就又坚持不住了……如此一来，小佟在不断摸索中发现了妈妈的"弱点"，进而随心所欲地抓住各种机会，通过大哭来有效地满足自己吃糖果的愿望。

因此，要消退幼儿的某种不良心理行为，不管怎样，教育者都要坚持原来的决定。

一般而言，用消退法矫正幼儿的某种不良心理行为需要的时间比较长，因此，教育者要有足够的心理准备和耐性，不要半途而废。

②教育要求一致。

如果已经决定要消退幼儿的某种不良心理行为，那么对幼儿有教育责任的人，不管是教师，还是保育员，或者是家长，在教育态度和行为上都应该协调统一。如果家园的教育态度与要求不统一，不同教育者的教育态度与要求不统一，那么就会出现正负效果相互抵消，幼儿在家和在园、在不同教育者面前表现各异，消退不但不可能取得预期的良好效果，甚至还会造成幼儿无所适从、人格分裂。

(2) 要有"开始阶段会变得更糟"的心理准备

在实施消退过程的初期，可能会发生目标行为更频繁和强烈的现象。这是当事人试图获得预期强化的缘故。通常，这在消退过程中属于正常现象，并不表明消退不起作用。对此，教育者要有一定的心理准备，要能够忍受行为在被消退之前的这种强烈的发作。

案例 2-4

睡 前 哭

小童3岁半，每天晚上妈妈把她放在小床上后，只要妈妈一离开，她就号啕大哭并在床上打滚，把床缘当鼓踢得很响，闹得全家鸡犬不宁。这迫使妈妈不得不回到她的房间陪伴她——只要妈妈一出现，小童就马上停止哭泣，小脸上露出笑容。

妈妈为小童的睡前号哭大伤脑筋，后来她请教了在大学里教学前儿童心理学的朋友，才学会处理办法：不管小童哭得多大声或多久，妈妈都不要理睬。

小童的妈妈决定使用这种办法。第一天晚上，妈妈离开时，小童照常哭叫，但妈妈这次没理她，小童的哭声更大了，直到声嘶力竭，才疲倦地睡去。第二天晚上，妈妈离开时，她照哭不误，但声音显然没有那么高亢，哭的时间也没有那么长了。第三天晚上，妈妈离开时，她只是"呜呜"地干哭了两声。第四天晚上，妈妈离开时，她没有哭，自己不声不响、安安静静地睡着了。

小童睡前的习惯性哭泣从此消失。

小童的妈妈矫正小童睡前哭泣的行为所使用的方法就是消退法。在上述案例中，妈妈对小童的陪伴是她哭泣行为的强化物，在矫正的过程中撤除了这种强化物，这种不良行为就消除了。

在消退小童睡前哭泣行为的第一天晚上，妈妈离开时，小童从"照常哭叫"发展到"哭声更大"，因为她试图获得预期强化——妈妈回来陪她睡，但是小童的妈妈坚持住了——不管孩子如何大声地哭喊，她都没有出现，最后小童哭到声嘶力竭，疲倦地睡去。

如果小童的妈妈第一天晚上没有坚持住——在小童大声哭喊后返回来陪她睡，那么，只要妈妈一离开，她就会以更加强烈的哭喊来召唤妈妈回来，她睡前哭泣的行为将更加难以矫正。

最终，小童的妈妈坚持住了，小童睡前哭泣的行为由更加强烈到逐渐减弱，直至消失。

（3）消退不良心理行为与对替代性的良好心理行为进行正强化相结合

在消退某种不良心理行为的同时，如果能对良好心理行为进行正强化，不仅可以消除不良行为，同时也可以积极地建立并强化所期望的良好行为，取得较好的消退效果。此外，这两种方法结合起来使用，比单独采取消退法来抵制不良心理行为见效更快。

案例 2-5

消退幼儿的不礼貌行为

阳老师平时跟孩子们的关系比较随便，没有长幼之分，孩子们总喜欢去逗弄她——时而扯扯她的衣服，时而拍拍她的屁股，然后快速地跑开，她不仅不生气，反而和孩子们相互逗弄起来，孩子们和她在一起都觉得很放松、很开心。但后来她发现，这种过于随便的关系让孩子们变得没有礼貌，不懂得与人交往的文明礼仪。于是，她决定用消退法改变这一局面——当幼儿表现得没有礼貌时，就不给予回应；当幼儿表现出文明礼貌行为时，就给予积极的回应。下面就是她与一个孩子的互动。

有一天，阳老师带着小朋友们在幼儿园里的小花园赏花。突然，牟晓光小朋友问阳老师："喂，你能告诉我：树为什么要开花吗？"这时，阳老师装作什么也没有听见，没有回答牟晓光的提问。

过了一会儿，牟晓光又问："阳老师，您能告诉我树为什么要开花吗？"这时阳老师立刻给予积极的反馈，满脸笑容地对他说："你这样的提问很有礼貌，阳老师现在就告诉你树为什么要开花……"

经过一个多月的坚持，幼儿的无礼貌行为得到了有效消退，而文明礼貌的行为习惯得以形成。

消退和正强化相结合，让幼儿体悟到什么样的行为是老师提倡的，什么样的行为是老师不提倡的，让幼儿知道不该怎么做，还知道应该怎么做，这样当然有利于幼儿良好行为习惯的养成。

2. 使用消退法的基本步骤

（1）慎重选择予以消退的不良心理行为

选择予以消退的不良心理行为是实施消退工作的开始。应该选择一个具体的、其强化物是可以控制的、适合使用消退法的心理行为问题作为消退的目标行为。有的不良心理行为具有某种危害性，如伤害自身、攻击他人、损坏物品之类的行为，应该马上制止而不能用消退法来慢慢地消退；有的不良心理行为本身就能对当事幼儿起到强化作用，如在教育活动过程中，幼儿之间私下交谈，这时用消退法就不会成功，因为交流本身对他们起着相互强化的作用。另外，不要企盼一次就能改进幼儿所有的心理行为问题，如于海平有吮吸手指、频繁眨眼、挑食、爱做鬼脸等不良心理行为，矫正时不要企图一次解决所有问题，一次只能解决其中的一个问题，否则会给幼儿带来心理负担，不利于幼儿心理的健康发展。

消退法适用于矫正幼儿的暴怒发作、为吸引别人关注而出现的不良心理行为（如做鬼脸、捣乱行为、说粗话、恶作剧、人来疯、假无能、退化行为、不举手就回答问题等）。

（2）妥善做好方案实施的准备工作

①识别造成不良心理行为的强化物，并严格加以控制。

确定要消退的行为，要找到是什么因素对幼儿的不良心理行为起了强化作用，以便对那些强化物加以抑制和消退。做不到这一点或做得有欠缺，消退就不会产生预期的效果。为此，必须对不良心理行为及其发生的背景做周密考察，确定不良心理行为的可能强化物，并在消退的整个过程中严加控制，确保在消退该不良心理行为之后，不呈现任何正性强化物，否则消退就会以失败告终。因此，能否正确找出支持不良心理行为的强化物并加以有效控制就成为消退能否成功的一个关键环节。

②确定所欲培养的良好心理行为，并让幼儿清楚其具体要求。

找出合适的替代性良好心理行为，并使被训练者能明确知道自己的何种行为在被消退，表现何种行为可以得到强化，以配合消退程序的进行。

案例 2-6

消退幼儿的哭闹行为

帅小康和胡兰是中班的小朋友。班里的老师非常关心他们，因为他们两人虽然长得既健康又高大，但每天早上在幼儿园里总是又哭又闹，小朋友们送他们的外号是"爱哭鬼"。老师千方百计地哄他们、安抚他们，但都没有用。

怎么办？

后来，老师们听取了专家的建议，对他们俩的哭闹行为采取消退策略：当他们哭闹的时候，教师尝试着不去和他们接触；当他们不哭闹的时候，老师就关注并赞赏他们。就这样，仅几天的工夫，帅小康和胡兰两人就再也不哭了，小朋友们也不再叫他们的外号，而帅小康和胡兰两人在幼儿园里的生活也跟其他小朋友一样快乐。

教师和小朋友们的关注和安抚之所以没有用，是因为这些行为刚好是对帅小康和胡兰哭闹行为的一种正强化——他们就是渴望通过哭闹来获得老师的关爱；后来教师改变了策略：当他们哭闹时，不给予任何关注，而当他们有合乎期望的行为——不哭不闹时，及时给予关注和赞赏，这样，就不仅消退了他们的不良心理行为，而且强化了他们的良好心理行为——不哭不闹，因此，他们的哭闹行为得到了改善。

③确定替代性的良好心理行为的有效强化物。

为了增加良好心理行为的出现率，以代替不良心理行为，必须对幼儿的良好心理行为予以强化，因此，一定要确保强化物的有效性。

案例 2-7

我不再需要超级太空人的粘贴画

大班的梁祜在课堂上总是坐不住，喜欢不停地活动身体。琴老师告诉梁祐:"如果你能坐在座位上 8 分钟不动,那么,老师就会给你一张你喜欢的超级太空人的粘贴画。"实施才一天,琴老师就发现梁祐仍不能安静地坐在座位上,琴老师就提醒梁祐:"梁祐,你没有坐好,就得不到超级太空人的粘贴画。"梁祐说:"我已经不喜欢超级太空人了!"琴老师问:"昨天你不是还很喜欢超级太空人的粘贴画吗?怎么今天就不喜欢了?"梁祐得意地说:"昨天你奖给我两张超级太空人的粘贴画。放学回家后我让奶奶给我买了另外 6 张超级太空人的粘贴画。现在我已经有一套完整的超级太空人的粘贴画了。"

琴老师失败的原因是她给梁祐的强化物——超级太空人的粘贴画具有可复制性,梁祐很容易地从奶奶那里获得了自己喜欢的超级太空人的粘贴画,使得琴老师的行为改变计划以失败告终。

因此,我们给孩子的强化物,一是要对幼儿有吸引力,二是要有不可复制性。这样,强化物才有可能发挥其应有的作用。

④统一认识,为统一行动做准备。

在实施消退计划之前,确保所有的有关人员都知道什么心理行为正在被消退或什么心理行为正在被强化,确保所有有关人员对被矫正者的不良心理行为不予强化,而对替代的良好心理行为则给予强化。

(3) 实施消退计划

在消退的过程中,要告诉幼儿如何去做,不问他是否愿意,只要求他按要求去做。同时,在实施消退的过程中,要注意坚守"一致性原则",并且对"开始阶段会变得更糟"有心理准备。在实施消退的过程中,撤销不良心理行为的所有强化物,同时强化所有期望的良好心理行为。

(4) 结束消退计划

不良心理行为完全消失后,必须观察一个月,如果一个月内不良心理行为不再发生,即可结束消退计划。

如果消退计划失败,则应该认真反思到底是哪里出了问题。一般我们可以从以下几个方面寻找消退失败的原因：

◆ 是不是不良心理行为从其他渠道得到了强化。

◆ 是不是不良心理行为的强化物没有找对，消退计划中撤销的不是支持不良心理行为的强化物，或幼儿从不良心理行为本身得到了正强化。

◆ 是不是替代的良好心理行为没有得到及时的、足够的强化。

◆ 是不是在实施消退的过程中未能始终严格坚持"一致性原则"。

对上述问题要一一严谨地查证，然后找出真正的原因，最后再采取有针对性的措施进行新一轮的消退计划。

二、惩罚法

（一）惩罚的基本原理

惩罚就是指当幼儿在一定的情境或刺激下做出某一行为后，立即给予厌恶性刺激或者撤除其正在享用的正强化物，以降低该行为在相同或类似的情境或者刺激下的发生率。

案例 2-8

不再打妈妈

小牛今年4岁，他每次生妈妈的气时，都会或打、或踢、或咬妈妈。妈妈并不相信小孩具有恶劣的攻击性行为，所以并不把它当一回事，只是告诉他，妈妈被他打得好痛，所以不可以再打妈妈了。结果，小牛的行为并没有任何改善。

后来，小牛的妈妈请教一位专家，改变了应对的态度和方式。当小牛再打妈妈时,妈妈很轻松地说:"你要和妈妈玩打架游戏是不是?"然后,妈妈趁机打小牛,不太用力,但要比小牛打的力量大一些,是真的打。结果小牛被激怒,又打妈妈,妈妈还是同样的做法,只是第二次稍稍用力。妈妈继续和小牛玩游戏,结果小牛很快就没有兴趣打了。

此后,小牛不再打妈妈。

小牛的妈妈后面采用的所谓的游戏方法就是惩罚法——小牛打妈妈后,妈妈让他尝到了被打的疼痛滋味(厌恶性刺激),因此他的打人行为减少甚至消失了。

惩罚的理论基础是条件反射原理,就是让幼儿的不良心理行为与不愉快的体验建立联系,进而减少该不良心理行为的发生率。

在惩罚过程中,导致个体行为减少或者消失的刺激或者事件就是惩罚物。惩罚物主要包括两种:一种是让个体承受某种厌恶性刺激;另一种是撤除积极的强化物。使用厌恶性刺激的惩罚,叫作正惩罚;使用撤除积极的强化物的惩罚叫作负惩罚。

正惩罚有五种:
- ◆ 体罚法,它是指随着幼儿不良心理行为的出现,对幼儿的身体及时给予厌恶性刺激,以阻止或消除其不良心理行为。
- ◆ 言语惩罚法,它是指幼儿出现不良心理行为时,及时给予强烈的否定性的言语刺激或警告语句,以阻止或消除不良心理行为。它还包括带有谴责含义的瞪眼、不赞同的面部表情或动作(如摇头)等。
- ◆ 任务惩罚法,指随着幼儿不良心理行为的出现,让幼儿去完成其不乐意做的事以示惩罚,进而阻止或消除其不良心理行为。
- ◆ 反应限制,指当幼儿表现出不良心理行为时,马上采取措施对其身体进行相应的限制,以阻止或者制止其不良心理行为。
- ◆ 矫枉过正,指在不良心理行为发生之后,要求幼儿消除不良心理行为的后果，使不良心理行为对环境造成的破坏得以恢复，并努力使恢复的环境好过原来的状况。

负惩罚有两种：

◆ 隔离法，指当幼儿表现出某种不良心理行为时，及时撤除其正在享用的正强化物以阻止或消除不良心理行为，或者把幼儿个体转移到正强化物较少的情境中去，并让该幼儿在那里待上一定的时间，由此来消除幼儿的不良心理行为。

◆ 反应代价法，指在幼儿的不良心理行为发生之后，幼儿个体要损失一定数目的强化物从而使不良心理行为的发生率减少的一种惩罚方式。

小资料 >>

关于惩罚的小资料

◆ 惩罚不能阻止不良行为，它只能使罪犯在犯罪时变得更加小心、更加巧妙、更有技巧而不被察觉。许多幼儿受惩罚时，会暗下决心以后要小心，而不是要诚实和负责。（海姆·吉诺特）

◆ 体罚教给幼儿的是：暴力是解决问题的一种途径。研究表明，遭受惩罚痛苦的人、实施惩罚的人以及看人受罚的人都会这么认为。惩罚不能让幼儿形成民主社会应有的自我约束力。（埃文·海曼）

◆ 惩罚能控制不良行为，但是不能教给孩子正确行为，甚至不能减少他们做坏事的念头。（阿尔伯特·班杜拉）

◆ 惩罚仅是压抑幼儿的不良心理行为，而不是消除幼儿的不良心理行为。

◆ 惩罚所造成的伤害有：受惩罚的幼儿和目睹惩罚的幼儿产生害怕、紧张、焦虑以及退缩心理等。

◆ 惩罚之后幼儿产生的挫折感会使他们今后更偏离群体。

◆ 惩罚破坏了幼儿头脑中关于教师的美好形象。

> ◆ 言语惩罚经常恶化为诋毁幼儿的智力、人格和尊严等。
> ◆ 对幼儿实施惩罚时，夸大错误——将幼儿一时的行为上升到人品，夸大幼儿的错误，实质上是在暗示幼儿朝那个不好的方向发展。
>
> 上述观点从不同角度说出了惩罚的局限性，这对我们更好地使用惩罚这种方法有一定的指导意义。

（二）惩罚的基本步骤与要求

使用惩罚矫正幼儿的心理行为问题，一般按照如下步骤进行。

1. 明确行为守则

教育者不仅要明确幼儿的各项行为守则，而且要通过各种途径和方法让幼儿明白在做各种事情的时候，哪些行为是可以接受的，哪些行为是不可以接受的。

惩罚不是目的，惩罚是为了让幼儿形成良好的心理行为习惯。

2. 选择适当的惩罚物

惩罚是否能够对幼儿个体的心理行为产生效果，关键要看所选择的惩罚方式即惩罚物能否引起幼儿适当程度的不愉快体验。

案例 2-9

快乐地受罚

有一个幼儿在回家的路上兴奋地告诉妈妈："今天我们几个小朋友不听话，老师罚我们到寝室里去。老师不管了，我们玩得可痛快了！"

案例中，教师罚那些有不良行为的孩子到寝室里去——这在老师看来是一种惩罚，但在孩子们看来这不仅不是惩罚，相反还是一件十分快乐的事情，因为受罚正好让孩子们得到了解脱，得到了自由。因此，我们在选择惩罚物时一要注意其有效性。

在选择惩罚物时，应该考虑的因素有：幼儿个体不良心理行为的特点（如严重程度、危险性、是否第一次发生等）、幼儿个体的特点（如年龄、气质特点、是否存在身心障碍等）、幼儿个体行为发生的环境（如公共场所、家庭、幼儿园）、幼儿个体的行为动机（如无意中发生、好玩取乐）等，而且要保证所选择的惩罚物有适当的强度，过轻不容易使惩罚产生效果，过重则容易导致惩罚产生副作用。

案例 2-10

受罚不难过

大班的孩子边小聪在新老师上课时乱说乱动、做怪相，老师罚他站。

然而，这种惩罚不但没有使他有所收敛，而且使其不良行为加剧了，他对这种惩罚表现出满不在乎，甚至还有一丝快意。

为什么会这样？

原来边小聪长相平凡，能力较弱，又没有什么特长，在班里是一个可有可无、被人忽视的孩子，而新老师罚他站这一惩罚正好满足了他被人关注的心理需要。

上述案例告诉我们：选择惩罚物时一定要认真斟酌——这种惩罚物有没有可能变成强化幼儿不良心理行为的一种强化物？要弄清这个问题，就要弄清幼儿的心态，弄清幼儿的需要，否则，教师认为自己是在惩罚幼儿，而幼儿却在享受惩罚。

3. 实施惩罚

对幼儿实施惩罚应注意如下几点：

◆ 幼儿首次表现某种不良心理行为时，教育者首选的应该是其他的心理行为矫正法而非惩罚法。
- ◆ 对幼儿因内心不安而出现的不良心理行为,如吮手指、吃衣角、咬嘴唇、咬指甲、拔头发、发脾气、强迫行为、恋物行为、自慰行为等,不宜采用惩罚法矫正。
- ◆ 如果幼儿已经认识到所犯错误并有悔改的意愿,就不宜再惩罚幼儿。因为惩罚的目的是要使其知错、改错。
- ◆ 幼儿出现不良心理行为后,惩罚要及时。
- ◆ 对幼儿实施惩罚后,要告诉幼儿受罚的原因。
- ◆ 在惩罚的同时,要教会幼儿良好的行为方式。
- ◆ 惩罚时,教育者在对幼儿进行教育方面要保持一致。
- ◆ 教师在使用谴责的时候,如果更能靠近幼儿,而不是在活动室的另外一边,效果会更好。还有一些研究者、教师也发现,如果在幼儿个体身边轻轻地批评他,对其行为所产生的抑制效果反而比大声谴责要好。
- ◆ 谴责代表着某种形式的关注,如果该幼儿个体所需要的是关注,那么谴责反而可能成为一种强化物而不是惩罚物。在这方面,教育者经常误用。
- ◆ 谴责要有眼神接触,这样效果更好。

案例 2-11

用谴责法矫正幼儿的打人行为

劳老师刚刚接管中(2)班不到两周,就发现匡小印特别喜欢打人。劳老师计划用谴责法矫正匡小印的攻击性行为。

每当匡小印打小伙伴时,劳老师就抓住匡小印的肩膀,对他摇摇头,或瞪眼、皱眉,对他说:"匡小印,你不可以打小凯!如果你再打别的小朋友,就没有人喜欢你了,你也交不到朋友了!"

不论何时,劳老师只要看到匡小印要开始打人,就会持续地用此方式来批评他。

此外，只要看到匡小印和其他小朋友玩得很好，劳老师总是笑着告诉他们，很高兴看到他们和睦相处。有时候，劳老师还会拍拍匡小印的肩膀或给每位小朋友一些饼干。几个星期后，匡小印打人的行为逐渐减少。

劳老师的成功在于：一是，不断谴责匡小印的攻击性行为；二是，将谴责与肢体语言结合起来；三是，对匡小印表现出的与攻击性行为相反的良好行为——与其他孩子和睦相处——给予正强化。

4. 注意对惩罚的不良后果进行有效的管控

由于惩罚使用的是个体感到厌恶的刺激物，在使用过程中常常会引发一些副作用，甚至导致比原先的问题更糟的局面出现，所以在实施过程中要注意对不良后果的管控。为此我们应该注意如下四点：

- ◆ 教师在惩罚幼儿时要管控好自己的情绪，不要让惩罚成为自己宣泄不良情绪的出口。
- ◆ 惩罚之后要注意在平时与幼儿建立更亲密的关系，避免惩罚留下心灵创伤。
- ◆ 避免幼儿因受老师的惩罚而被其他孩子疏远。
- ◆ 惩罚过程要体现对受罚者的尊重。我们不满意的是幼儿的不良心理行为，而不是幼儿本人。

参 考 文 献

[1] 吕静. 儿童行为矫正 [M]. 杭州：浙江教育出版社, 1992: 94-95.

[2] 岑国桢. 行为矫正：原理、方法与应用 [M]. 上海：上海教育出版社, 2013: 134-139.

[3] 林正文. 儿童行为的塑造与矫正[M]. 北京：北京师范大学出版社，1998：156，205-206.

[4] 郭延庆. 应用行业分析与儿童行为管理[M]. 北京：华夏出版社，2012：49.

[5] 昝飞. 行为矫正技术[M]. 北京：中国轻工业出版社，2009：187-204，209-214.

[6] 王辉. 行为改变技术[M]. 南京：南京大学出版社，2006：20.

[7] 陈瑶. 消退法：消除孩子不良行为的有效方法[J]. 教育导刊：幼儿教育，2007（3）：55.

[8] 王国诚. 浅谈幼儿教育中的消退法[J]. 读与写杂志，2007（5）：66，68.

[9] 陈帼眉，姜勇. 幼儿教育心理学[M]. 北京：北京师范大学出版社，2007：172.

第三章 其他矫正行为的技术方法

本章主要介绍一些既可用于增强幼儿良好心理行为，也可用于减弱幼儿不良心理行为的常用技术方法，如榜样法、代币制等。这些方法既可单独使用，也可以与增强行为的各种技术方法一起使用，还可以与减弱行为的各种技术方法一起使用。

一、榜样法

（一）榜样法的基本原理

榜样法就是教育者为幼儿提供特定的心理行为榜样，进行心理行为示范，与此同时，幼儿通过对榜样的心理行为进行观察学习，进而增加或获得良好心理行为、减少或消除不良心理行为的一种心理行为矫正方法。

榜样法是一种基于班杜拉社会学习原理的心理行为矫正方法，它包括心理行为获得（注意与保持）和模仿操作（复现与动机）两个阶段，心理行为的获得是模仿操作的前提条件。实施榜样法进行心理行为矫正，就是安排和控制影响行为获得、模仿操作两个阶段的有关因素的过程。

（二）榜样法的基本步骤与要求

使用榜样法矫正幼儿的心理行为问题，一般按照如下步骤进行：

1. 确定目标心理行为

目标心理行为的确定与其他心理行为矫正法中目标心理行为确定的要求一样，这里不再赘述。

2. 确定榜样

幼儿模仿的榜样可以来源于影视、图片、文学作品、同伴、成人、想象等。榜样与幼儿的年龄、性别和种族越相似，越容易引起幼儿的模仿；另外，社会地位较高的榜样比较容易成为幼儿模仿的对象。

因此，我们在为幼儿选择学习的榜样时，既要考虑榜样的多样性，更要考虑榜样与幼儿的相似性，同时，还要考虑榜样在幼儿心目中的地位，进而增强榜样的教育效果。

3. 心理行为示范

榜样向幼儿展示良好的心理行为——这是模仿学习的基础和前提。榜样示范也是幼儿对榜样观察与保持的过程，在这一过程中，幼儿要密切地关注榜样示范的心理行为，并以表象的形式将这一心理行为储存在头脑中。如果想要在以后很好地再现榜样的心理行为，还要进一步用语言符号的形式将示范的心理行为进行储存。将表象与语言相结合，有利于将心理行为长久地保持在记忆系统中。

榜样示范的过程中，要充分考虑幼儿的观察能力，努力从多种角度、通过多种形式来示范，让幼儿有观察的意愿，同时，让幼儿观察清楚，进而为模仿打下良好的基础。

4. 心理行为模仿

幼儿观察榜样示范以后通常要将所观察到的心理行为模仿出来，这是一个心理行为再现的过程。如果所观察到的心理行为只是停留在幼儿的脑海中，而没有付诸实践，那么，榜样的示范仍没有对幼儿的心理行为产生现实意义上的影响。因此，榜样法特别强调幼儿将观察到的心理行为展示出来。

5. 对幼儿的模仿心理行为进行及时的反馈

教师对幼儿模仿的心理行为要进行及时的反馈——正确的要给予及时的表扬与鼓励，错误的要及时提醒和纠正，并要针对如何改进提出具体的操作建议，使幼儿能够不断地调整自己的心理行为，最终达到心理行为训练的预期目标。

二、代币制

（一）代币制的基本原理

可以累积起来交换别的强化物的条件刺激物就叫作代币，如五角星、小红花、小红旗、印花、代价券、金属或塑料筹码等。代币可以用来换取幼儿需要的糖果、玩具、游戏等强化物。当幼儿表现出良好行为时，即可获得相应的一定数量的代币；若幼儿表现出不良行为时，即被扣除已经获得的代币；到一定的时候，幼儿可用手中的代币换取其所希望的奖励。在代币制里，代币本身不具有价值，它的价值隐藏在它所能换取的奖励物里。

通过应用代币来帮助幼儿形成符合常规要求的行为习惯和消除不符合常规要求的行为习惯的方法称为代币制。

案例 3-1

利用代币制矫正小明吃手指的习惯

小明是中班的小朋友，有事没事时总是喜欢吃手指。他也知道吃手指不卫生，老师和父母一再提醒他，妈妈甚至为此在他吃手指的时候打过他，但他还是没能改掉吃手指的习惯。

后来，小明的父母和老师接受了我们的建议：使用代币制矫正小明的吃手指习惯。小明的父母和老师对他进行了5天的观察，发现在这5天中，小明每天吃手指最多时达 9 次,最少也有 5 次,平均每天 7 次。于是他们决定以吃手指 7 次/天为基准,逐渐矫正小明吃手指的习惯。

行为代币价值表

周数	每天吃手指次数	获得代币点数
第1—2周	7	2
	7＋1	－1
	7＋2	－2
	7＋3	－3
	7－1	3
	7－2	4
	7－3	5
第3—4周	4	2
	4＋1	－2
	4＋2	－4
	4＋3	－6
	4－1	5
	4－2	8
	4－3	11
第5—6周	4	2
	4＋1	－2
	4＋2	－4
	4＋3	－6
	4－1	5
	4－2	8
	4－3	11

代币兑现选择表

小明可选择的物品	所需点数
周末去表哥家	10
看半小时动画片	5
吃一次麦当劳	15
玩一小时电脑游戏	20
周末去郊游	30
周末去水上乐园	50
买新鞋子	50
当老师助手一次：集体教学活动时给小朋友发学具	5
当老师助手一次：饭前给小朋友发餐具	5
……	

代币制实施一个半月后，小明吃手指的不良习惯基本上消除了。

（二）代币制的基本步骤与要求

使用代币制矫正幼儿的心理行为问题，一般按照如下五个步骤进行：

1. 确定目标心理行为

即确定幼儿表现出哪些行为时给其代币，表现出哪些行为时扣除其代币。这些行为要具体明确，可以观察和测量。

2. 选择使用的代币

代币的选择应注意如下五点：

（1）代币应该是安全的

被选做代币的物体对幼儿的身心而言应该是不会产生伤害的，它应该是无毒的、不易被幼儿吞咽的东西。

（2）代币一定要耐用且有累积兑换功能

由于代币一般都需要经过一段时间累积到一定数量之后才能兑换奖励，所以代币应该是易于携带、储藏或者堆积的；代币可以反复触摸，对幼儿来说效果会更佳。

另外，代币的累积兑换功能是指获得一定数量的代币（如小红旗、红五星、小红花等）后，幼儿能根据自己的意愿选择教师规定的幼儿特别喜欢的奖品（如拥有性奖品或消费性奖品等）。

研究表明，花掉代币比不花掉代币的教育效果好得多。如果代币不能兑换成幼儿喜欢的物品或活动，那么，随着时间的推移，幼儿就会逐渐对代币失去兴趣，代币就会失去其原有的激励功能。

案例 3-2

五角星又没有用

查莉老师在准备放学时，给当天表现好的小朋友奖励五角星，谭少聪小朋友在一旁嘟囔："这些五角星又没有用的！"看到谭少聪一脸的不屑，查莉老师非常生气地说："五角星代表荣誉，大家不要听谭少聪的。"……

在上述案例中，代币五角星被小朋友认为"没有用"，主要原因就是查莉老师使用代币制来激励幼儿时，仅仅是给幼儿发放了代币五角星，而没有让代币五角星具有兑换功能。

（3）代币应该是只有教师能控制的

为了确保代币的有效性，在实施过程中必须保证只有教师能控制这些代币的发放，而且代币只有在这个系统中才具有价值，否则，代币就容易失去它应有的价值。如果选用了其他人可能复制的代币，就需要考虑用什么办法来避免其他人对代币的复制，如用不同颜色、签名或者记号做特殊的标记等。幼儿教师实施代币制一定要争取一切与幼儿成长有关的教育力量一致行动。

（4）代币的制作应该是简易的

如果制作代币要花太多的时间、精力、财力，就会提高代币制的实施成本，最终使代币制无法持续实施。

（5）代币本身不应该是具有吸引力的

如果代币本身对幼儿而言就具有很强的吸引力，那么当幼儿获得代币之后，代币就会成为分散他们注意力的一个刺激物，这样反而不利于幼儿良好心理行为习惯的形成。

3. 与幼儿共同协商，建立代币交换系统

行为的最终践行者是幼儿，因此，在设立行为项目和相应代币、代币累积数量与强化物交换形式时幼儿教师必须与幼儿协商，征得幼儿的同意与认可。这样，代币指向的目标行为是幼儿自己认可的，他们执行起来才会有主动性和积极性（参见下表）。

某幼儿园中班的代币制内容表

	具体内容	代币★
幼儿工作	◆ 高兴来园	1
	◆ 早上来园时向老师问好，并和家长说再见	1
	◆ 早餐愉快地完成任务，并收拾干净桌面	1
	◆ 午餐……	1
	◆ 午睡……	1
	◆ 一天内与同伴积极互动	1
	◆ 给自己种的花浇水	1
	◆ 拿玩具来班上分享一次	2
	◇ 抢夺别人的东西	－1
	◇ 打人	－5
	……	……

续表

	具体内容	代币★
幼儿工作报酬（赚的★的数量可以兑换的强化物）	◆ 当老师的助手一次：饭前给小朋友发餐具 ◆ 当老师的助手一次：集体教学活动时给小朋友发学具 ◆ 当老师的助手一次：和老师一起去倒垃圾 ◆ 在班上表演技艺一次 ◆ 外出散步，排在第一位牵老师的手 ◆ 当国旗手一次 ……	5 5 5 5 5 20 ……

4. 实施代币制

在代币制实施过程中幼儿教师应该注意以下几点：

①当幼儿的心理行为达到相关要求时，立即给予幼儿相应的代币作为奖励。

一周只有一次的"评小红花"、"评小红心"的机会，在星期五前幼儿的良好表现未能得到及时的奖励，奖励的效果会很差，许多孩子周五下午得了小红花，但他们并不知道自己好在哪里，更不知道今后的努力方向。

②让每个幼儿都有机会获得代币。

案例 3-3

周五评小红花

一个周五的下午，评小红花活动开始了。孩子们个个坐得端端正正的，听老师报名字："佳佳发言积极，声音响亮，应该得小红花。还有娇娇、霖霖、亮亮……"老师一下子发了很多小红花。滔滔没得到小红花，噘着小嘴站起来说："费老师，我也想要小红花。"费老师看了他一眼说："你平时不努力，要也没有！你有他们好吗？老师要求大家做的你能做到吗？"滔滔听了委屈极了。费老师接着问大家："小朋友们，你们说说，滔滔能得到小红花吗？"大家异口同声地回答："不能！"滔滔失望极了，"费老师，我现在不打人了！"

他还在努力争取着。此时评选活动已经结束了,家长们陆续来接孩子。得了小红花的孩子向家人炫耀着。不一会儿,只见滔滔和亮亮打起来了,原来滔滔抢了亮亮的小红花。正好滔滔的奶奶来接他,他一下子扑倒在奶奶的怀里痛哭起来。费老师还没向滔滔的奶奶解释完,滔滔的奶奶就似乎明白了真相,对滔滔说:"别哭了,小红花不值钱!奶奶带你去买。"说着奶奶就拉着滔滔迅速地离开了幼儿园……

上述案例反映出幼儿教师的工作有许多可以改进的地方:

A. 周五下午评小红花活动是对幼儿一周在园表现的评价,教师应该用这一活动来对每个幼儿一周的良好表现进行肯定——这样有利于幼儿发现自己的优点,不断进步;而不是找出幼儿一周以来的劣迹进行批评甚至批判——因为这样,会让幼儿感觉自己无能,而对未来失去信心。合格的幼儿教师的基本标准是不断发现幼儿的优点,然后不断地给予肯定,进而促使他们不断地进步;不合格的幼儿教师则是不断地发现幼儿的缺点,然后不断地告诉孩子,久而久之这些孩子就会觉得自己真的什么都不行。

B. 作为评价幼儿一周表现的周五评小红花活动,教师竟然没有发现滔滔有一项值得送小红花的良好表现,说明教师不善于发现幼儿的优点,换句话说,教师只关注了滔滔的缺点。

C. 滔滔渴望得到小红花,说明他有上进心,教师应该利用滔滔的这种上进心来促进他的发展,而不应简单地回绝他的要求。

D. 周五下午评小红花活动,奖励小红花,不应该是整体奖——一个孩子只有一周以来各方面都表现完美才得奖;而应该是单项奖——只要一个孩子在某一方面表现优异就可以获得奖励。这样做,不仅有利于幼儿个性化的发展,而且会让许多表现不那么完美的孩子看到自己的优点,进而有不断追求进步的正能量。"整体奖"很容易导致某个幼儿因为某一方面表现不好而得不到小红花,进而客观上将幼儿其他方面的良好表现也否定了,甚至将幼儿整个人都否定了。

E. 滔滔的奶奶说:"别哭了,小红花不值钱!奶奶带你去买。"这说明在对孩子的教育方面家园需要步调一致,这样才能取得预期的教育效果。

③配合社会性奖励,如口头表扬、积极的动作、群体关注等,以便更好地对幼儿进行心理激励,促进幼儿良好心理行为习惯的形成。

④认真严格地按规定实行代币兑奖活动。

⑤有具体明确的"兑奖"时间和地点。

5. 适时结束代币计划

实施代币制的最终目标是让幼儿形成良好的心理行为习惯——在没有任何外部强化的情况下幼儿也能自觉地遵守幼儿园常规的要求。因此,我们需要根据幼儿的实际情况适时地调整代币系统。在调整过程中,要逐步减少外部强化物或者将相同物品所对应的代币值增加,以延长其取得强化物的时间,增加其行为发生的时间,最终终止强化物。同时,也要让幼儿体会到自身发生的可喜变化,进而提高其内部动机,促使目标行为持续更长的时间。

参 考 文 献

[1] 王辉. 行为改变技术 [M]. 南京:南京大学出版社,2006:20.

[2] 岑国桢. 行为矫正:原理、方法与应用 [M]. 上海:上海教育出版社, 2013:218-215.

[3] 昝飞. 行为矫正技术 [M]. 北京:中国轻工业出版社,2009:271-287.

[4] 张冬梅. 代币法在班级幼儿行为塑造中的运用 [J]. 教育导刊:幼儿教育, 2011(7):20-24.

第二篇　实践与案例分析

本篇主要介绍常见的幼儿心理行为问题（情绪方面的心理行为问题、社会性心理行为问题、不良生活习惯）的表现，然后在分析其产生原因的基础上，提出具体应对幼儿这些心理行为问题的有效措施，使教育者（本章所使用的"教育者"这一概念，包括教师和家长）掌握相关理论的基础，掌握正确应对幼儿的各种心理行为问题的技术方法，进而促进幼儿心理的健康发展。

第四章 情绪方面的心理行为问题与教育

幼儿情绪方面的心理行为问题主要是指幼儿由于情绪原因而导致的心理行为问题。本章主要介绍最常见的口吃症、恐惧症、吮吸手指、恋物、黏人、任性、嫉妒、自慰、捣乱行为、爱哭泣等心理行为问题的表现、原因与教育。

一、口吃症

(一) 幼儿口吃的表现

口吃,俗称结巴,是幼儿常见的一种语言节律性障碍,它表现在幼儿说话时发音延长或词句有不正确的停顿和重复,呈现出特殊的继续性,同时说话时多伴有跺脚、摇头、频繁眨眼或抽动的动作,2—3岁和5—7岁为两个高发年龄段。有口吃的幼儿大概占1%,男女孩比例大概为4:1,两岁开始口吃的幼儿大约80%能自然康复,但其中至少有20%的幼儿会持续终生。

幼儿口吃按其程度来分有以下几种情况:

难发性口吃:第一个字发不出,或者有些特定的字说不出来。

连发性口吃:第一个字重复。

中阻性口吃:说话中的某一个字发不出。

重复性口吃:无意义地重复发声,重复发出与词句无关的音。

过渡型口吃:说话不流畅时用一些习惯性的词语作为过渡词语,才能继续说下去。

幼儿在口吃时，时常伴有口颊肌、面肌、颈肌、胸肌、腹肌等肌肉紧张，甚至四肢肌肉也会紧张，还时常伴有面红耳赤、张口结舌、伸颈昂头、握拳蹬脚或者拍大腿等紧张动作。不过，说话有口吃习惯的幼儿在唱歌、背儿歌或大声朗读时，口吃常可减轻或消失，但在大庭广众之下发言或情绪激动不安时，口吃症状往往会明显加重。

口吃与口吃症不同，口吃是人在情绪激动或精神紧张时，因神经中枢功能受到干扰而出现的短暂语言不流畅现象，而口吃症则是由于生理或心理因素所致的一种持续时间较长的口吃行为。

如果幼儿在说话过程中出现下列征兆，则是出现口吃症的危险信号：

◆ 说话中口吃超过10%、持续6个月以上且越来越严重。
◆ 不适当中断的时间平均在2秒以上。
◆ 大部分的口吃现象为拖长音和中断、重复、异常重复3次以上。
◆ 说话不流畅时，伴随很多怪异动作，如眨眼、耸肩、顿足，面部肌肉尤其是嘴部肌肉会表现出明显的紧张和挣扎现象。
◆ 对说话表现出负面反应，出现消极情绪和行为。如曾经因说话不流畅而生气、有挫折感或害怕说话、逃避说话的情境。
◆ 出现说话不流畅时，眼睛不敢看对方。

如果某一幼儿经常持续地出现上述情况中的一种或多种，则可判断该幼儿有口吃问题或者有口吃症。

口吃习惯是一种偏常的行为，对幼儿心理的发展和个性的形成会产生不良的影响。有的口吃患儿不愿和教师或小伙伴多接触，担心自己说话时会口吃，因而在游戏和社交活动中多独处一隅。幼儿的社会性活动受到限制，既不利于他们身心的健康发展，又使口吃得到强化。他们会因为口吃而难为情，因受到小伙伴的讥笑而难过，与小朋友争吵总是处于弱势，在集体教学活动中怕说话不流利而不敢举手回答老师提出的问题，等等。这样长期下去，口吃患儿会产生自卑、羞怯、孤独、退缩、不合群甚至自我封闭等心理行为问题，严重地影响了他们参与社会交往活动的积极性，妨碍他们良好人际关系的建立，甚至还会对其人格的健康发展产生不良的影响。

（二）造成幼儿口吃的原因分析

了解幼儿口吃产生的原因，是矫正其口吃问题的基础。研究表明，造成幼儿口吃的原因主要有如下七个方面：

1. 家族遗传影响

研究表明，口吃与遗传有关。有家族口吃史的幼儿更容易出现口吃，其口吃发生率可达65%，其他发生口吃的风险大约为无口吃家族史幼儿的3倍。遗传学家调查了大量口吃患者的家族状况后发现，口吃可由决定声带音质的遗传因子遗传给下一代。

2. 大脑功能侧化异常

人类两个大脑半球的功能是不平衡的，惯用右手者左侧半球占优势，惯用左手者右侧半球占优势。惯用左手者（左撇子）在后天被迫改为用右手（如成人强迫左撇子的幼儿改用右手拿筷子吃饭或改用右手拿剪刀做手工等）时，可能导致大脑半球在形成语言优势的过程中出现功能混乱，而出现言语流利性差、构音重复等，进而发生口吃。国外有人分析了127例口吃患者发现，其中因左手操作改换右手操作而发生口吃的高达81%。这说明口吃者在大脑两半球联系上不平衡，左利手改右利手也是导致口吃的重要原因之一。

3. 幼儿自身的言语运动控制系统失调

幼儿处在语言发展的关键期，言语表达能力发展很快，但言语发音动力系统发育还不完善，容易受到一些不良因素的影响而导致言语运动控制系统失调，从而出现口吃。

4. 思维与表达能力不平衡

随着幼儿年龄的增长，他们的表达和表现自我的欲望逐渐增强，但由于幼儿的思维能力、词汇掌握能力和语句组织能力的欠缺，他们在表达复杂的思想和情感时感到力不从心，进而过于急躁、激动或紧张，加上他们急于表达时会造成头脑中储存了大量语言信息却找不到合适的词语，因而表现出言语停顿、犹豫不决，进而出现口吃。

5. 不良强化

20 世纪中叶，一位名叫温德尔·约翰的学者提出了口吃起因的"误解理论"。这个理论认为，如果有人（一般是孩子的父母或老师）将孩子正常发育阶段的说话不流利说成口吃，那么，这个孩子就很有可能变成真正的口吃症患者。由于成人的"错误诊断"，孩子开始尽量避免说话结结巴巴，但他们越是想这样做，说话就会越不流利，这又进一步导致成人对他们更多的关注甚至责备，孩子就会出现更多的不流利的表达，于是产生了恶性循环。久而久之，真正的口吃症就在这个相互作用的过程中逐渐发展起来。因此，我们可以说："口吃不是始于孩子的嘴巴，而是始于成人的耳朵。"

6. 环境突然发生变故，引起幼儿的情绪过度紧张

父母争吵、家庭不和、家庭从一个城市搬到另一个城市、大地震、亲眼目睹家庭房屋发生火灾、亲历亲人突然离去等突然、强烈的惊恐和刺激，都会让幼儿感到紧张，如果成人未能及时有效地缓解幼儿的恐惧、焦虑、愤怒、仇恨、紧张等不良情绪状态，也可能导致幼儿口吃。

7. 成人对幼儿的言语发展要求过急过高

幼儿在学说话阶段，发音不准或咬字不清时，成人急于矫正，以至于幼儿的一句话还没说完就被打断，结果造成幼儿的心理压力过大，一说话就紧张，担心说错话，越担心说错话心理压力越大，精神越紧张，也就越容易说错话，从而进入一个恶性循环。

8. 模仿他人形成

许多患有口吃症的幼儿是因模仿他人的口吃性语言而形成口吃的。如果幼儿的周围有口吃症患者，则幼儿很容易受到口吃性语言的感染而患上口吃

症（如研究表明口吃症患儿的父母或亲属或多或少有口吃现象，在日常生活中，幼儿会在不知不觉中受到感染），有时是他们无意中模仿口吃症患者的口吃性语言，有时是他们觉得口吃症患者的口吃性语言好玩而有意模仿，最终都可能导致他们染上口吃症。

（三）幼儿口吃与教育

根据幼儿口吃的原因及其身心特点，教育者可以通过如下措施对幼儿进行有针对性的教育。

1. 努力消除引起幼儿说话时情绪紧张的因素

研究表明，轻松愉快的环境能够使幼儿产生安全感，有利于幼儿的言语能力的健康发展。因此，教师和家长应该为幼儿创造一个宽容、宽松的言语发展环境。

（1）心平气和地"接受"幼儿的口吃

如果幼儿有口吃的迹象，不管是父母，还是教师，都不要烦躁，要有足够的耐心，温暖地接受口吃患儿，要耐心地帮助口吃患儿走出口吃的困境。成人的"接受"和心平气和有利于缓解幼儿的内心紧张，进而消除幼儿的口吃现象。

要让幼儿明白，你会无条件接受他——不管他口吃与否。当幼儿的口吃加剧时，不要烦躁苦恼，因为你的负面情绪会加重幼儿的心理负担，进而加剧他的口吃；当幼儿因口吃而沮丧不安时，教师要温暖地通过语言来安慰、鼓励他，同时还可以触摸和拥抱他，在幼儿园里最强有力的力量是教师对幼儿的支持。

（2）尊重口吃患儿

当幼儿发生口吃时，教师和其他幼儿不要过分关注或议论其口吃，更不能模仿、嘲笑或责备口吃患儿，因为那样做会让口吃患儿的自尊心受到伤害，进而增加其说话时的心理负担，增加其口吃发生的频率。

（3）营造一种"有话慢慢说"的班级交流氛围

如果班里有口吃患儿，那么教师应该在班级里创造一种有话慢慢说的心理氛围。如：对该幼儿说话要从容不迫，多多停顿，并让班级里的其他成员也这么做。教师对患儿说话要放慢语速，每个字都说清楚，同时要求他也慢慢地说话，不要着急。当患儿说话有些拖长音或者重复时，教师要耐心地倾听，不要重复，也不要学他，等患儿说完，过一会儿让他再说一遍，有了上次的经验，第二次再说同一句话，他会流利很多。用放慢的、轻松的说话方式与幼儿交流，比任何批评或建议，诸如"慢点儿说"或"慢慢地再说一遍"都更有利于减少幼儿的口吃。

（4）在集体教学活动中减少向口吃患儿提问

在集体教学活动中，过多的提问会使口吃患儿产生过重的心理压力，进而导致其口吃现象更加严重。

（5）不要过分关注幼儿的口吃

成人过分关注幼儿的口吃，会给幼儿负面的诱导，引起幼儿的情绪紧张，进而使其口吃现象不仅没有减轻，反而加重。因此，在日常生活和教学活动中，幼儿教师应该避免如下三种做法：

①态度紧张焦虑。

一旦口吃患儿开口说话，或教师与口吃患儿交谈时，教师就会以焦虑不安的目光盯着口吃患儿，面部表情紧张、焦虑，生怕该幼儿言语结巴。而这种态度与情绪往往会传染给口吃患儿，使他们同样心情紧张，压力倍增，本来能顺利说出的话也变得不流畅了。

②打断并训斥。

有的幼儿教师在幼儿出现口吃后，马上不耐烦地打断并训斥幼儿。如，对幼儿说："你怎么这么笨，连一句话都说不好？！""看看，又结巴了。""听你说话真费劲！""喘一口气再说。"教师打断幼儿说话，会使幼儿的表达与思维中断，言语很难连贯；而训斥更是伤害了幼儿的自尊心，使幼儿在许多场合都不愿意开口说话，宁愿保持沉默，这样一来，幼儿的口语表达能力只会越来越差，进而形成恶性循环。

③立即予以矫正。

每当幼儿出现口吃现象时，有的教师会马上向幼儿指出，并要幼儿一遍遍地重复，以使其言语能流畅。但这样做往往事与愿违，幼儿的口吃依然如故。这是因为教师自以为是地及时矫正、提醒了幼儿，强调了"口吃"是老师不喜欢的，要幼儿马上改过来，但这会给幼儿造成更大的压力，进而加剧口吃。

（6）适当忽视幼儿的口吃

当幼儿出现言语不流利时，不要过度关注，更不能批评指责和不停地纠正，不要给幼儿一种"我们都在关注你讲话"的感觉，大家的"忽视"有利于缓解幼儿的内心紧张，进而减少幼儿口吃发生的概率。

（7）多给口吃患儿以鼓励

口吃患儿大都敏感、自卑，缺乏自信心，他们常常因为怕被人笑话而不敢在人前说话，当必须要说的时候就会非常紧张，这反而加重了口吃的症状。因此，在和口吃患儿说话的时候，可以鼓励他面向老师、看着老师的眼睛说话，对口吃患儿说的话要多加鼓励。也可以多带口吃患儿参加一些文体活动，多与不同的人接触，努力改变其说话紧张、沉默寡言的习惯，使之自信地和其他人交往。

当幼儿说话不流畅时，千万不要拿他与说话流畅的幼儿相比，否则，会让他对自己的言语能力更加没有信心。

在幼儿园里，教师平时要鼓励口吃患儿有话慢慢说，发现他有进步就给予肯定："你进步了，继续努力！"教师要鼓励他："老师说得好，你也一定说得好。"当全班小朋友依次说话时，老师要尽量让口吃患儿说些易讲或易答的问题，让他一次次地从回答问题中获得成功，这有助于增强他的自信心，进而在不知不觉中减少口吃现象的发生。

对口吃较严重的幼儿,可以让他单独休息一段时间,减少与陌生人交往,经常领其到一群比他年龄小的幼儿中参与活动,有利于消除其说话时的紧张情绪,进而培养其自信心。

(8) 不要轻率地给幼儿下"口吃"的结论

许多幼儿只是偶尔表现出说话不流畅,有点结巴,这并不代表该幼儿就患有口吃症。如果仅仅凭幼儿一两次的口吃就轻率地给幼儿下"口吃症"的结论,那么,"口吃症"这顶错误的帽子会给幼儿带来无穷的心理压力,最终很可能会误导幼儿成为真正的口吃症患儿。

2. 有意识地进行一些言语训练

在保证幼儿获得心理安全感后,幼儿园可以设计一些专门的言语训练活动来矫正幼儿的口吃问题。

(1) 循序渐进地示范—模仿

幼儿爱模仿,同时他们也具有极强的模仿能力,他们会跟着口吃的人学会口吃,跟着言语流畅的人学会流畅地表达。教师良好的言语示范对幼儿改掉口吃很有帮助。

教师说出正确的发音,让幼儿逐字逐句地模仿,最好先一个字一个字地模仿,以后再几个字或整句模仿。教师说话的时候,可以把速度放慢、把句子改短,同时咬字清晰、音节分明,让幼儿听得清、学得会。幼儿模仿错了,不要对幼儿说"你这样说不对,你应该……",而应该用轻柔的、正确的发音重复一次幼儿的话。比如,如果幼儿说"水,水,水……洒了",这时教师可以说"你是说水洒了,对吧?"。这样,一是表示教师理解幼儿的意思;二是给幼儿正确的模仿对象;三是教师语气轻柔,没有批评指责幼儿的意味,也没有直接点明"你口吃了",因此幼儿不会因为口吃而有心理压力。

(2) 从易到难的训练

可先让幼儿与熟人说话,再逐步让其与陌生人说话;可让幼儿先与比自己年龄小的小朋友说话,再逐步让他与同龄甚至比自己年长的小朋友说话;

可先在集体教学活动之外单独向他提问,如他能顺利回答即给予表扬,进而在集体教学活动中提问他,鼓励他回答。这种由易到难、循序渐进的训练有利于幼儿成功经验的积累,进而提高其言语表达的自信心。

(3) 分散注意力

过多地关注自己的口吃,会让幼儿更加紧张,更加容易发生口吃。因此,当口吃患儿口吃时不要对他说"你又口吃了!",也不要提醒他注意自己说话是否口吃。

同时,教师要教会口吃患儿:在说话时可做些呼吸和发声练习,或做手势和头部运动来分散注意力。平时要多组织幼儿做游戏来增加口吃患儿与他人交往的机会,同时分散他对口吃的注意力。

(4) 特种练习

有的口吃患儿在说话时还伴有挠头、挤眼等动作,可让这样的口吃患儿站在镜子前说话,努力改正一些不必要的动作。

(5) 进行节奏训练

口吃患儿在唱歌、朗读、讲故事时往往不容易口吃,这是因为这些行为都在一定的节奏控制下。平时,要鼓励口吃患儿多练习朗读、背儿歌、讲故事,尽量做到富有感情、抑扬顿挫。通过发音法的节奏训练,幼儿可以恢复已丧失的语言节律。

为了训练口吃患儿口齿清晰、慢而有节律地说话,克服说话又快又含糊的不良习惯,平时,教师除了在班级里提醒和训练全班幼儿说话保持适宜的语速、控制好节奏外,教师自己也应该起到示范作用——口齿清晰、慢而有节律地跟幼儿说话,就算是情绪激动时,也应该保持良好的语速。教师带领幼儿从慢而清晰地表达开始,从简单到复杂,熟能生巧,掌握了说话的基本功后,幼儿流畅地表达就会水到渠成。

另外,教师和家长还可以利用音乐、舞蹈、体操训练幼儿的节奏感。研究表明,幼儿的节奏感增强,他们流畅说话的能力也会随之提高。

（6）训练幼儿说话时的呼吸技巧

造成幼儿说话不流利的主要原因是紧张和不会调整呼吸。口吃者一般都呼吸短促、不均匀，说话时喘不过气来。因此，教师要训练幼儿学会调整呼吸，可把手放在幼儿的胸部和腹部，让孩子用嘴吸气，感觉腹部鼓起来，然后慢慢地自然吐气，每天练习几次。教师要教孩子在说话前吸一口气，边呼气边说话。从短句子练起，教孩子在发生口吃、说话中断时，先吸气，然后再说下去。

（7）歌唱放松法

让口吃患儿在说话之前先唱歌，这是日本育儿之神内藤寿七郎博士提倡的矫正口吃的方法。当幼儿说话结结巴巴时，教师可以对他说："来呀，让我们先唱一首歌。"然后和幼儿一起唱，随便唱什么，只要是他熟悉的就可以。唱完后，再温和地问他："你刚才想说什么？"这时候，在多数情况下幼儿都不会出现口吃，而是会流利地说出他想说的话。

内藤寿七郎博士还说，他用这种方法对许多口吃的孩子做过尝试，效果很好，孩子说话有了不口吃的体会，就会对说话产生信心，经过多次练习，就能治愈。

上述各种训练方法，在家庭中同样适用。因此，为了更好地矫正幼儿的口吃问题，家园应该相互沟通相关的信息，齐心协力促进孩子言语能力的健康发展。幼儿的口吃症不是一朝一夕形成的，它的消除也不是一蹴而就的，因此，我们对矫正幼儿的口吃症要有足够的耐心和智慧，相信绝大多数幼儿的口吃症是可以得到有效矫正的。

二、恐惧症

（一）幼儿恐惧心理行为的表现

恐惧是幼儿常出现的一种情绪，它是幼儿个体企图摆脱、逃避某种情况时产生的情绪体验,这种体验是由于缺乏处理可怕情境的能力引起的。幼儿由于经验和能力缺乏,往往有更多的恐惧体验,如怕黑、怕小动物。随着年龄的增长,人们逐渐学会了更多的处理问题的方法,一些原来引起恐惧的事物不再能引起恐惧。

一般恐惧心理与恐惧症不同。恐惧心理是幼儿在正常成长过程中对实际或预想的威胁的正常反应,其持续的时间一般都不长。恐惧症则是因长时间恐惧而产生的回避或退缩行为,其严重影响幼儿的正常生活和正常的社会功能。当任何权威、解释或说服都无济于事时,一般的恐惧心理就发展成为恐惧症。恐惧症是一种病态的恐惧心理,它是一种因为过度反应而产生的情绪障碍。如果幼儿出现以下四个特征,就可以认为其恐惧心理已发展成为恐惧症:

◆ 没有明显的刺激物而感到恐惧。例如,即使狗不在场,幼儿也表现出对狗的高度警惕和害怕。

◆ 长时间持续地恐惧。例如,有的幼儿一直保留着对鸡、鸡毛之类东西的恐惧心理行为。

◆ 恐惧直接影响日常生活。例如,某幼儿因怕蛇或怕大灰狼而不敢到户外活动,因怕水而不敢洗手并害怕听到流水的声音,等等。

◆ 超越意志控制。幼儿无法克服对某种情境或某种事物的恐惧心理,这种恐惧的心理和行为是身不由己地产生的。

恐惧症患者所体验到的情绪状态与以下几种情绪反应相类似,而又有所区别:

◆ 恐惧是对真实危险或威胁的正常反应。

◆ 胆怯是指一种易于发生恐惧的持久的倾向。

◆ 惊恐是一种突然爆发的急性恐惧。

◆ 焦虑是一种与"迫在眉睫"而又不知所措的危险体验有关的不愉快情绪。

恐惧症主要包括如下三种类型：

1. 场所恐惧症

如对高处、广场、密室、黑暗和拥挤场所等的恐惧，是恐惧症中最常见的一种，约占全部病例的60%。主要表现为恐惧登高、恐惧离家外出、恐惧独处、恐惧独自在外时处于无能为力的状况而又不能立即离开该场所、恐惧到人多拥挤之处、恐惧排队以及恐惧穿过广场、恐惧进入密室等，严重者可能常年在家不出门，甚至在家中也需人陪伴。

2. 社交恐惧症

主要恐惧对象是社交场合和与人接触，如怕出现在公共场合时大家注视自己；恐惧当众出丑，使自己处于窘迫或难堪的境地；恐惧当众讲话、表演、进食或如厕等。怕见人时脸红被别人看见，或坚信自己脸红已被他人察觉，故而焦虑不安者，称为赤面恐惧症；恐惧与人对视，怕别人看出自己的眼神不好，或自认为眼睛的余光在窥视别人，因而恐惧不宁者，称为恐人症。

3. 物体恐惧症

物体恐惧症又称单纯性恐惧症。恐惧的主要对象为某些特定物体，如动物、鲜血、尖锐锋利的物品等。患儿恐惧的有时并非物体本身，而是担心接触后会产生可怕的后果。如，不敢接触尖锐物品，害怕自己会用这种物品伤害别人；再如，患儿之所以恐惧狗，是因为他怕被狗咬伤得狂犬病。

（二）幼儿产生恐惧的原因

了解幼儿产生恐惧的原因，有利于我们对症下药，防止幼儿产生恐惧症和帮助幼儿消除恐惧症。发展心理学研究表明，幼儿产生恐惧的原因主要有如下五种：

1. 成人的吓唬

一些成人为了图省事，常用吓唬的方法来对待幼儿，使幼儿按自己的意志行事，结果导致幼儿产生不正常的恐惧心理。如，幼儿哭闹时，有的父母师长缺乏制止的良方，就伪装"狼叫"、"鬼嚎"等来吓唬幼儿。这样，孩子虽然一时安静了，但由此而产生的恐惧心理也同时保留下来。又如，有些幼儿害怕去幼儿园，是因为在孩子入园前，父母或其他长辈经常用这样的方式吓唬孩子："如果你再不听话，我就把你送到幼儿园里去，让老师来治治你。"

2. 过分保护

很多家长怕孩子与其他小朋友在一起会学坏或怕孩子受欺负，因而不让孩子出去与其他小朋友玩闹、做游戏。孩子缺乏与同伴交往的经验，缺少处理矛盾的技能与经验，在成长过程中就可能会出现人际交往障碍，产生以人际交往为内容的恐惧。另外，如果孩子缺乏与同伴的交往，接触的事物必然相对较少，因而会胆小怕事。有的幼儿过于依恋父母，他们往往担心离开亲人会失去依赖而害怕上幼儿园，导致对幼儿园的恐惧症。如果反复告诫幼儿不能接触某些物体，那么幼儿对这些物体就会产生恐惧，还会泛化到与这些物体有关的东西上。

3. 恐惧是经验积累的结果

心理学研究表明，幼儿的恐惧与其经验有密切的关系。比如，有的幼儿怕洗澡，那是因为他曾有过洗澡的痛苦经历；幼儿怕打针，也是由于打针曾给他带来过痛苦。例如，我的孩子在两岁前是不怕打针的，但是两岁后的某一天，由于连续几天高烧不退，被几个医生和护士摁住手、脚和头，在头上打吊针，孩子当时哭得声嘶力竭……从此，孩子便害怕打针，甚至一见到穿大白褂的人就哭。

研究还表明，孩子害怕的对象往往与他身边的人害怕的对象密切相关，这是害怕经验传递的结果。很多孩子胆小怕事是因为受到胆小怕事的父母潜移默化的影响。

4. 恐怖图书和影视剧的影响

幼儿的理解能力和经验毕竟有限，经常阅读带有恐怖内容的图书或观看过多的恐怖影视剧，或听过多的鬼、妖故事……这些也可能会导致幼儿产生恐惧心理。比如，世界上本无大灰狼，但孩子多数都害怕大灰狼，原因就是师长们经常给孩子讲大灰狼的故事，在不知不觉中大灰狼就成为幼儿惧怕的对象，也成了许多孩子噩梦的来源。

5. 恐惧可能是孩子逃避现实或获得他人关注的一种方式

有些孩子怕上幼儿园后会失去在家庭中的中心地位或失去某些好处，因而有意无意地声称怕上幼儿园、怕某个小朋友、怕某个老师等。有些孩子希望能跟父母睡在一起，当开始与父母分床或单独一个人睡时，就声称怕黑暗、怕鬼、怕老虎等，以促使父母答应他的要求——重新回来和父母一起睡。

（三）幼儿恐惧心理行为与教育

对某些情境、某些事物、某些特殊对象的恐惧是幼儿成长过程中普遍存在的心理现象。由于认识水平低，对客观环境的适应能力差，适应方式简单，控制及调节情绪的能力差，偶然的害怕、恐惧是幼儿对周围环境、事物的正常反应方式，它对于保护个体有着重要意义，因为这能使有机体避免接触到有危害的事物或情境。一个完全没有恐惧情绪和无所畏惧的人，可能要比别人更多地处于危险的境地，适当的恐惧对幼儿的成长有积极意义。比如，对狗的恐惧，能够使幼儿采取更加安全、更加慎重和更加有益的方式对待各种动物；对与父母分离的恐惧，能够让幼儿学会感激父母的照顾，并且一般随着时间的推移，孩子的恐惧情绪会逐渐消失。因此，父母师长不必为幼儿的恐惧心理过分担心。但是假如幼儿对某种事物长期存在恐惧情绪，或者幼儿终日为害怕左右，或者幼儿害怕该年龄段的孩子不该害怕的事物，则说明幼儿的心理发展出现了问题，他的恐惧心理已发展成恐惧症，这就需要家长和教师认真对待。

1. 为幼儿树立良好的榜样

年龄小的孩子往往不知道害怕，他对某些事物的恐惧往往是受了父母和教师的影响。孩子依恋父母和教师，在他们的眼里，父母和教师是安全的港湾,一旦发现父母和教师对某些事物流露出恐惧的神情,他就会感到自身的安全受到威胁,进而产生恐惧。如在日常生活中,有些父母和教师害怕老鼠、蟑螂、狗等,这种恐惧心理与行为会在有意无意之中传染给孩子。因此,父母和教师要帮助孩子消除恐惧心理,首先必须克服自身不该有的恐惧心理。在孩子面前,对待恐惧的事物要显得泰然自若、沉着勇敢,这样才会给孩子增添克服恐惧的信心和勇气。

为了帮助幼儿克服恐惧心理,父母和教师可以在幼儿群体中树立勇敢的榜样。比如有的孩子怕狗,可以让这些孩子观看别的小朋友是如何与狗玩耍、与狗亲近的(但此时一定要注意,选择的狗一定得是很温驯的,否则其他幼儿和狗玩耍时受到狗的攻击,将会使怕狗的幼儿更加坚信"狗是可怕的"),这样有利于减少幼儿对狗的恐惧心理。又如,雯雯怕上、下陡坡,一次雯雯的表妹小丽来做客,妈妈特意请小丽示范上、下陡坡,并对雯雯说:"快看,妹妹真勇敢。你也像妹妹那样走,好不好?"有了榜样加鼓励,雯雯决定试一试,她开始时一定要牵着手才肯走,后来不用牵手但有点紧张,最后能自如地上、下陡坡,口中还念念有词:"妹妹都敢走呢,我也敢走!"表妹的榜样作用功不可没。

另外,还应该注意避免"负面榜样"对幼儿的消极影响。如,有的孩子害怕打针,那么在安排孩子们集体打针时,除了提醒给孩子打针的医生要尽可能地降低打针给孩子带来的痛苦外,还应该将勇敢的孩子安排在前面,为后来者树立良好的榜样,并且在他们表现勇敢(打针不哭)时及时表扬。除了教师用语言表扬外,还可以让所有的小朋友为孩子的勇敢行为鼓掌,在这种气氛下,许多原来胆小的孩子也会表现出勇敢。千万不可将怕打针的孩子安排在前面打,这会使更多的孩子相信打针是可怕的。

2. 不要因为幼儿害怕某些事物而惩罚或嘲笑他

对幼儿期的孩子而言,害怕是内在情绪情感的一种自然流露,并不是什么见不得人的事。如果总是用"窝囊废"、"没出息"、"胆小鬼"、"这有什么可怕的"等语言讥讽或嘲笑孩子，孩子不但不会因此而变得大胆，其恐惧心理反而会与日俱增，不仅由于害怕教师和家长的斥责而心绪不宁，而且以为自己真的是胆小鬼从而自暴自弃。对于胆小、依赖性强且年龄小的孩子，当教师或家长看到他们出现恐惧的面部表情时，搂抱、逗弄或者亲吻是安慰孩子的最好方式，这样可适当降低孩子的恐惧感。另外，教师和家长也可以做旁听者，仔细倾听孩子对恐惧的诉说，了解孩子此时此刻的心情，正面鼓励他们，帮助其战胜害怕的心理。

假如教师或家长看到孩子表现出恐惧时，以幼稚、夸大或轻蔑的语气与孩子交流，会增强孩子的恐惧感觉——因为这样不但不会降低孩子对该事物的恐惧，而且会使孩子担心因表现出对某事物的恐惧而被人耻笑。教师或家长见到孩子害怕某事物时，可以平静地对孩子说："很多像你这么大的孩子都害怕它，这是正常的。""听我妈妈讲，老师小时候也像你一样，出现过这种害怕心理，当时我的反应比你还强烈。但过后我妈妈告诉我，'你们这个年龄阶段的孩子都怕它，这属于正常现象'，后来我就不怕了。""××，你一定能行，老师希望你做个勇敢的孩子。"这样容易使孩子产生一种安全感，并树立信心，不会因为害怕某事物而感到羞耻，并能逐步减少直至消除恐惧心理。

3. 不要对幼儿的恐惧，特别是为了获得关注而产生的"害怕"过分关注

如果对幼儿为了获得爱或关注而产生的恐惧给予过分的关注，或者因为幼儿这样的恐惧而满足其不合理要求，那么，幼儿就容易将"恐惧"转化为达到其他目的的一种手段，比如，将恐惧当作逃避现实困难的一种方式。

当然，如果我们在幼儿不觉得害怕时能给以适当的关注，那么，幼儿就不会再用恐惧来寻求成人的关注，其"手段式的恐惧"就会自然而然地消失。

4. 通过游戏活动矫正幼儿的恐惧心理

进行游戏活动是幼儿驱走恐惧感的一种重要手段。爱玩是幼儿的天性，游戏是幼儿的基本活动方式。在游戏中，幼儿不仅能学会很多知识和行为规

范,而且能培养战胜困难、克服恐惧的信心。

根据幼儿恐惧的情况设计一些游戏,可以使幼儿在轻松的气氛中认识恐惧的对象。

- ◆ 幼儿害怕黑暗。教师、家长可以与幼儿一起玩这样一个游戏:将房间的灯全关上,在黑暗的环境中进行抢球比赛,看谁抢的球多。当幼儿有勇敢的表现时,要及时给予鼓励,使其体验到成功的喜悦,并让他逐渐了解黑暗之处并无可怕的事物,只不过是自己吓唬自己罢了。在黑暗中多次游戏后,幼儿也就不怕黑暗了。
- ◆ 幼儿害怕和陌生人交往。教师、家长可利用角色游戏,让幼儿扮演其中的角色,使其有机会接触陌生的小伙伴,并通过和伙伴们一块玩耍克服胆怯的毛病,改变怕受欺负、怕被嘲笑等心理,提高交往的兴趣。
- ◆ 幼儿害怕狗。教师、家长应设法陪同孩子在没有危险的情况下接近一条温驯的狗,引导他抚摩狗、和狗嬉戏,这样幼儿对狗的恐惧心理就会自然而然地消失。
- ◆ 幼儿害怕去医院、害怕打针。教师、家长可以准备一些医疗器械的玩具,与幼儿一起玩看病的游戏,幼儿在游戏中会逐渐消除对医院的恐惧,渐渐地就敢去打针了。

5. 帮助幼儿消除对于恐惧事物的不正确认识和神秘感

幼儿的恐惧往往是由于缺乏知识或经验不足,或者由于错误的认识引起的。因此,告诉幼儿相关的知识,幼儿的恐惧心理就会消除。

- ◆ 幼儿害怕雷电,是因为不知道雷电是怎么回事。此时教师和家长可向幼儿解释一些简单的科学道理,还可以和他一起计算由看到闪电到听到雷声的时间差,这样不但可以减轻幼儿对打雷的恐惧,而且可以培养幼儿对打雷这一自然现象的兴趣。
- ◆ 6岁的小帆特别害怕被蜜蜂蜇,看到蜜蜂就哇哇地惊叫。于是,老师给她讲了蜜蜂如何辛勤地采集花粉以及蜜蜂的劳动对美丽的花朵和丰硕的果实是何等重要;同时还告诉小帆:"你不去招惹蜜蜂,蜜蜂就不会蜇你。"这样,小帆不再一见到蜜蜂就尖叫了。

◆ 幼儿害怕鬼怪。告诉幼儿鬼怪是不存在的,用不着害怕,则他对鬼怪的恐惧心理就会逐渐消失。

◆ 有一个5岁半的女孩在母亲住院一个月后突然产生入园恐惧反应并伴随着低烧,性格也变得胆小、依赖和喜欢缠人。父母经过反复分析后发现,女孩一直担心一旦她上幼儿园,母亲就会生病住院,晚上就没有人抱她睡觉了。后来,父母更加关爱孩子,晚上注意抱她睡觉,孩子心中的顾虑逐渐打消了,其相应的恐惧心理也消失了。

◆ 对于由于某种体验而产生的恐惧感,如怕打针、怕吃药等,教师和家长可向孩子讲清楚有关吃药打针是为了治病的道理,并培养孩子战胜恐惧的自豪感。

6. 帮助幼儿获得应付其所害怕的对象或情境的信心和方法

恐惧是人企图摆脱、逃避某种情境而又无能为力时产生的情绪,如果学会了摆脱或逃避这种困境的方法,恐惧自然而然就会消失。比如,孩子害怕一个人在房间不开灯睡觉,可以在他的床头装一个夜灯的开关,让其学会开和关,掌握了控制黑暗和明亮的方法后,他就不会害怕了。

◆ 对于一个学习轮滑怕跌倒的孩子,可教会他在跌倒的过程中保护自己的技巧。掌握了这些技巧后,他就不会对玩轮滑产生恐惧心理了。

◆ 对于一个害怕上幼儿园被同伴欺负的孩子,可教会他摆脱欺负的技巧(如怒目而视、用语言大声警告、告诉老师),甚至可以教孩子一些还击的技巧。掌握了这些技巧后,他就不会对喜欢欺负人的同伴产生恐惧心理了。

◆ 对于一个对老师的提问有恐惧心理的孩子,采取"提前教",让他熟悉老师上课提问的内容,他就不会对老师的提问充满恐惧了。

……

7. 预防恐惧的发生

如果估计某些事物会使幼儿产生恐惧,那么在它们出现之前就应做出适当的解释,使幼儿有心理准备。如:下雨前告知幼儿雷声是很响的,但它没有什么可怕的;去动物园时告知幼儿老虎、狼、豹等凶猛动物是被关起来而逃不出去的,它们只有在深山老林里才能自由出没;电影电视里可怕的场面是用特技方法拍摄的,是假的,不必害怕(应尽量不让幼儿看有暴力、僵尸镜头的影视剧),等等。这样,幼儿接触到这些事物时才不会感到突然,从而避免了条件反射导致的恐惧。

另外,由于恐惧取决于个人的经验,所以要努力防止第一次恐惧经验的产生。比如,给孩子的洗澡水的温度不宜过高或过低,用洗护用品给孩子洗头洗脸时,不要让这些有刺激的东西进入孩子的眼睛,把洗澡活动变成一种游戏活动而不是一种强迫性的活动,这样,孩子就不会害怕洗澡了。给孩子喂药也是这样,给孩子吃的药应该是容易吞咽的,并且在喂孩子吃药时,最好是采用游戏的方式让孩子自愿吃药或者在无意之中把药吃进去,而不应强行捏住孩子的鼻子,然后打开孩子的嘴巴……这样做的后果,与其说是孩子怕吃药,不如说是孩子怕这种吃药的架势。

案例 4-1

怕狗的晓东

幼儿园中班的小朋友晓东开朗活泼,很讨人喜欢。可是,今年春节,晓东到乡下的姥姥家探亲,在与一条大花狗玩耍时,大花狗张开嘴狂吠了一声,把他吓得脸色发青,哭个不停。从此,他就很害怕狗,连看到与狗相似的动物的图片也会大声惊叫,有时晚上睡觉,也会尖叫说有狗在咬他,醒来时他的表情极为惊恐。

晓东害怕狗的原因就是大花狗突然张开嘴对他狂吠,晓东是被大花狗这种吓人的架势吓住了。

8. 让幼儿对惧怕的事物逐渐"习以为常"

如幼儿怕狗,可以先用玩具狗让他敢于接近,再让他与真狗接近;在与真狗接近的训练中,可先花几天时间,每天让他多靠近体形较小的狗几尺,然后再教幼儿如何接近狗、如何与狗"说话"、如何与狗玩,这样循序渐进,幼儿就会慢慢地不怕狗了。又如,幼儿怕黑,可留盏小灯或由父母看着他入睡,这样幼儿比较容易睡着,以后也就逐渐地不怕黑夜了。千万不可强硬地把幼儿丢入恐惧的环境中,否则将会使幼儿变得更加害怕相应的情境。如,有一位妇女回忆她小时候害怕在黑暗中睡觉时说:"我妈常说害怕黑暗是愚蠢的,并且总是关灯、带上门。当然,这样只能使我更害怕。"

最后还需要强调的是,平时教师和家长不要给幼儿讲鬼神的故事,也不要让幼儿看恐怖的影视剧,更不要用鬼神、老虎之类的事物来吓唬幼儿。幼儿期的孩子由于受其想象发展特点的影响,往往分不清哪些是现实存在的东西、哪些是想象的结果,他们会把影视剧、故事中的恐惧情节或画面当作现实存在的东西。

9. 幼儿入园恐惧症的消除

(1) 幼儿入园恐惧症的表现

幼儿入园恐惧症是恐惧症的一种,它是指幼儿惧怕上幼儿园,甚至因此而拒绝上幼儿园的一种表现。它的具体表现如下:

- ◆ 害怕上学。幼儿害怕上学,常因头痛、腹痛、浑身无力等不去幼儿园,但留在家里则表现正常。每当要上幼儿园就哭泣、吵闹和焦虑不安,甚至拒绝上学。
- ◆ 紧张。发病期间,如果父母强迫幼儿去幼儿园,他上课时就会感到紧张,不敢正视老师,怕被提问;若被提问,则手心出汗,心慌意乱。到了幼儿园,幼儿常因恐惧而不断要求给父母打电话,哀求哭诉,要求回家。如果父母同意暂时不去幼儿园,则幼儿的焦虑马上缓解。

◆ 焦虑。可表现为恶心、呕吐、发热、尿频、遗尿等症状,这些症状多在每周的星期一加重,周末缓解。有的孩子为了不去幼儿园而采取暴力行为,如毁物、攻击父母、自伤等;也有的孩子情绪低落消沉、嗜睡,甚至出现幻听幻觉和抑郁等症状。

如果幼儿持续三个月出现上述情况中的一种,就可断定该幼儿患上了入园恐惧症。

(2) 在幼儿园里怕什么

案例 4-2

生病真好

我的女儿不愿意上幼儿园,每天早上都要演一场"哭别",她从吃早饭时就开始央求:"好妈妈,我不上幼儿园好吗?"时间到了,她怎么也不肯出门。好不容易出了门,还没到幼儿园门口,她的眼泪就开始往下淌。下了车她拖着我的腿不让走,哭着不肯入园。如果遇到生病,需要在家休息,她就会高兴地说:"生病真好,可以不去幼儿园,我希望天天生病!"我觉得上幼儿园挺好的,可孩子为什么不愿意去呢?

案例 4-3

是什么原因导致大班的孩子还在哭

早晨入园,园园一直在哭。

园园哭着说:"我不愿意上幼儿园。"

老师说:"这孩子就是事多!全班小朋友都不哭,就你哭。都上大班了还哭!"

园园继续哭着说:"我不愿意上幼儿园,我要回家……"

……

人们常说,幼儿园是孩子们的天堂,是孩子们的乐园。可是事实上并非如此,许多孩子都对幼儿园有恐惧感,那么,在幼儿园里,幼儿怕什么呢?

①没有安全感。

案例 4-4

你敢告诉老师,我就打死你

一天小娟来到教室门口突然大哭起来,硬是不肯进教室。小娟说:"妈妈,我的脚有点痛,我不想上幼儿园,我想上小学。"她没有对妈妈详细地说,妈妈也没有多想……

后来在我再三催问下她才说:"小军很厉害的,他一直要打我,还要拿我的玩具,不还给我。"我说:"那你为什么不告诉老师呢?"她说:"小军说了,只要我敢告诉老师,他就打死我!"

案例 4-5

老师很凶,我不敢告诉她

有位母亲问儿子:"你为什么不愿意去幼儿园?"儿子回答说:"陆军打我。"母亲又问:"你怎么不告诉李老师?"儿子接着说:"李老师不管。"母亲说:"那你可以告诉卢老师啊。"儿子又回答:"卢老师很凶,我不敢告诉她。"

造成孩子在幼儿园里缺乏安全感的因素有同伴的,也有教师的,当然,还有来自其他方面的。孩子在幼儿园里缺乏安全感,因此就不愿意去幼儿园了。

②学习生活的压力。

案例 4-6

我要是生病了就好了

毛毛:"我要是生病了就好了。"

妈妈:"啊!为什么?"

毛毛:"生病了就不用上幼儿园了。"

妈妈:"你为什么不想上幼儿园呢?"

毛毛:"因为我吃饭太慢了,小朋友们总催我快点,让我加油。我很不喜欢这样。"

案例 4-7

妈妈,我总也吃不完饭

到上学时间了,遥遥一会儿说"今天太冷了,我不想上幼儿园了";一会儿又说"我要整理书包,不能上幼儿园了"。

从开始上幼儿园到现在有两年多了,遥遥说不想上幼儿园的次数可不多呀!

妈妈问:"为什么不想去了?是小朋友欺负你,还是你犯错误了?"

遥遥:"都不是"。

妈妈:"遥遥是很棒的孩子,为什么不爱上幼儿园了呢?幼儿园多好啊!"

遥遥:"妈妈,你别说我棒,我一点都不棒的。"

妈妈:"谁说不棒了?在爸爸妈妈眼里你就是很棒啊。"

遥遥:"妈妈,我总也吃不完饭。"

从上述两个案例中可以看出,教师不顾幼儿的个体差异,盲目刻板地按照教师设计的"标准吃饭时间"和"标准饭量"来要求每个幼儿,这样会让那些由于种种原因而不能在"标准吃饭时间"、完成"标准饭量"的幼儿备受压力,甚至觉得吃饭是件很痛苦的事情,进而泛化到幼儿园——整个幼儿园生活充满了压力和痛苦的色彩。

不只是吃饭会让幼儿感受到压力和痛苦,学习和生活的其他方面也可能让幼儿感受到压力和痛苦,进而导致幼儿害怕上幼儿园。

③教师缺乏温暖特质。

案例 4-8

我不要来幼儿园

在我见习时的某一天,小微的父母很晚了还没有来接她,我本想带小微去吃点东西,给她点安慰,谁知道当天带班的王老师却大声地对我说:"不能带她去,现在都几点了?!谁叫她的爸爸妈妈不早点来接,饿死她算了。平时她爸爸妈妈也总是到晚上九点多才来接。老师下班后就没别的事情做了吗?再看看她,平时一副闷葫芦样,看了就让人讨厌。"王老师这么一说,我还能说什么呢?!第二天小微来幼儿园时刚好是王老师接她,小微怎么也不肯进幼儿园,还哭闹着说:"我不要来幼儿园……"

教师缺乏同情、尊重、关怀、热情等温暖特质是幼儿不愿意来幼儿园的一个十分重要的原因。

④幼儿的正常需要被忽视。

案例 4-9

老师没有给孩子表现的机会

4岁的芳芳这几天正在为上幼儿园的事和父母闹别扭。每次一提到去幼儿园,她就一脸不乐意。问及原因,芳芳支吾了半天才说:"老师上课问问题,让我们举手回答。她问的我都会,可是我举了好几次手,老师都不叫我。还有，我们吃饭前老师会叫小朋友摆碗，可是，她最近一直没叫我摆……"

案例 4-10

老师不爱我了

一向开开心心地上幼儿园的毛毛突然不想上幼儿园了，妈妈问他怎么了。他说老师不爱他了。

原来毛毛上幼儿园时，老师因为忙于其他的事而忘记了对他微笑。

案例 4-11

孩子为什么不喜欢上幼儿园

起初女儿很想去上幼儿园，因为在幼儿园里可以玩滑梯，可以和许多小朋友做游戏。但是才去了两个多月，女儿就不怎么想去幼儿园了。她每天早上一起床就问："今天我要去幼儿园吗？"如果我们说"不用去，今天是周末"，女儿听后就特别高兴。

有一天早上，我和女儿在上幼儿园的路上看见邻居家的小狗在外面溜达，女儿就问我："爸爸，为什么这只小狗不用去幼儿园呀？"那口气和眼神分明在说，女儿宁愿做只可以自由溜达的小狗，也不愿意上幼儿园。

是什么让女儿对幼儿园失去了兴趣？细问之下，她说："幼儿园不好玩，老是坐在教室里，好累！……"

幼儿来幼儿园不是为了学习，而是为了好玩，如果幼儿的这种需要没有得到合理而充分的满足，那么，幼儿园对幼儿就没有快乐可言，幼儿会因此而失去来园的动力，甚至发展成不愿意或害怕上幼儿园。

（3）幼儿入园恐惧症与教育

缓解甚至消除幼儿的入园恐惧症，可以采取如下几种措施和方法：

①家长要注意向孩子介绍上幼儿园的好处，而不要用"幼儿园"来吓唬孩子。

家长可以不断地跟孩子说"老师像妈妈一样地爱你","老师就像是你的朋友,你有什么不高兴的事,都可以和老师说"等。

家长可以告诉孩子幼儿园里有很多小伙伴在一起玩游戏;老师会讲很多故事,会唱歌……使孩子对幼儿园和老师留下好印象,并且产生向往与期待。

相反,家长绝对不能用幼儿园来吓唬孩子,如不能对孩子说:"你不听话就把你送去幼儿园。""看你这么调皮,送你到幼儿园去,叫老师好好收拾你。"否则,孩子真的会将幼儿园和老师看作恐惧的对象。

②家长要给孩子以积极引导。

在接送孩子时,家长不要问孩子这些消极的问题:"今天有人欺负你吗?""在幼儿园你吃得饱吗?""老师吓唬你了吗?""老师有没有骂你?"……这些负面的信息会增强孩子对幼儿园的恐惧感。

在送孩子时,家长要多对孩子说:"幼儿园里的好多小朋友都等着你和他们一起玩!""老师可想见到你啦!""老师最喜欢你啦!""我真喜欢你们的老师,她笑起来真好看,讲话的声音真好听。"这些话会让孩子对老师产生好感。

在接孩子时,家长要多问一些具有积极导向意义的问题:"今天幼儿园里有什么有趣的事吗?""今天你和小朋友玩了什么好玩的游戏?"这样积极的交流能让孩子更多地看到幼儿园的积极方面,有利于减少孩子的入园恐惧心理。

③教师要努力减少幼儿对老师的陌生感。

- ◆ 在新生入园前,教师适当地带上一两件幼儿喜欢的玩具去家访,并在家访时和幼儿投入地玩上一会儿,这将大大地增强家访的情感效应,可取得意想不到的效果。

- ◆ 要记住每个幼儿的姓名。在新生入园前,教师就应努力通过照片记住每个幼儿的相貌和名字;当幼儿来园时,对小班幼儿可用其在家里用的小名来称呼,今后幼儿每天来园时,教师都要大声而亲切地称呼他,这样可以大大地缩短师生之间的心理距离。

- ◆ 为孩子们做点事,增进师幼之间的感情。教师在生活中要留心观察,为孩子们排忧解难。扣好森森袖子上的扣子，捋捋静静头上的小辫子，替诗诗更换弄湿的衣服，帮丹丹擦擦背上的汗……从一件件小事开始，师幼彼此之间的感情在积累，信任感也在增加。

④教师要让幼儿感受到老师的爱。

教师可以通过拍一拍孩子的肩膀、摸一摸孩子的额头、抱一抱孩子、亲一亲孩子的小脸、摸摸孩子的小脸蛋、拉拉孩子的小手、善意地微笑着看孩子一眼等身体语言来让幼儿感受到老师对他的爱。有的幼儿园要求，对新入园的幼儿，教师每天至少要拥抱3次，每次10秒钟——我认为这样做，可以让幼儿体验到老师对自己的爱，对消除幼儿的入园恐惧心理是有帮助的。

⑤教师要教会幼儿正确表达自己的意愿。

教师可直接教幼儿一句一句地、大声地、大胆地、连贯地说"老师，我想尿尿"，"老师，我想大便"，"老师，我渴了"，"老师，我吃饱了"，"老师，我还要添饭"等日常生活用语，或者"老师，他抢我的东西"，"老师，他打我"，"老师，我尿裤子了"，"老师，我大便完了，帮帮我……"，"老师，我的头有点痛"等寻求帮助的用语。

通过反复模拟练习，让幼儿能较清楚地表达自己的意愿，并得到及时有效的关照，进而有效地缓解幼儿因离开家人而产生的心理压力。

⑥各种教育活动要以符合幼儿需要的方式展开。

要想让幼儿喜欢来幼儿园，就应该让幼儿从幼儿园的各种教育活动中获得快乐，这需要我们在设计和实施各种教育活动时，充分关照幼儿的各种需要，让每个幼儿的各种需要都得到适当的关照。设计和实施各种教育活动时，如果仅仅考虑如何达到"知识技能目标"，极少考虑如何关照幼儿的各种需要，这样设计和实施的教育活动就不能得到孩子们发自内心的喜欢，进而会导致幼儿厌倦各种教育活动，最终发展成讨厌来园、害怕来园。

三、吮吸手指、恋物、黏人

（一）幼儿吮吸手指、恋物、黏人的表现与原因

1. 幼儿吮吸手指的表现及原因

在婴幼儿期，孩子吮吸手指是一种很常见的行为。不过，孩子6个月前和6个月后吮吸手指的心理含义是不同的。6个月之前的吮吸手指完全是为了满足吮吸的需要，因而人工喂养的孩子和饥饿的孩子表现得特别明显。吮吸反射是一种先天性的无条件反射，当触及3个月前的孩子的嘴唇甚至脸的其他部位时，都会引起其吮吸反射。母乳喂养的婴儿能尽情地吸奶，有较多时间满足婴儿吮吸的本能，所以在母乳喂养的婴儿中吮吸手指现象较少；而人工喂养的婴儿，由于奶瓶中的奶吸完后，父母一般不会让孩子叼着空奶瓶，相对来说吮吸的机会较少，所以婴儿吮吸手指的现象就较多见。到了3～4个月大时，随着吮吸反射的逐步消失，孩子吮吸的要求也就逐渐减弱了。到了6～7个月大时，一般婴儿吮吸手指的现象会自然消失。如果婴儿在6个月以后继续吮吸手指或开始出现吮吸手指，则不再是为了满足吮吸的本能需要，而是一种自我安慰需要的表现。一般6个月以后的孩子常常会在内心紧张或感到孤独、无聊时吮吸手指，这时候的吮吸手指具有自我安慰的含义，它对缓解婴儿内心的紧张有一定的积极意义——正如成人感到内心有压力或心理紧张时嚼口香糖、吸烟、喝酒一样。

吮吸手指会影响牙齿的正常发育，严重的话还会让手指变形；另外，吮吸手指可能会遭到小伙伴们的嘲笑和戏弄，进而影响到孩子的心理健康。

2. 幼儿恋物的表现及原因

案例 4-12

依恋"全家福"

姚姚今年 3 岁 8 个月了，是一个可爱的孩子，但入园时有着严重的入园焦虑症。每个星期一妈妈送她来园时，姚姚都哭得撕心裂肺的，嘴巴还不停地念叨着："我要回家。"后来，她竟然拿着与爸爸妈妈合拍的"全家福"照片整天不离手。有一次，不记得照片放在哪里了，她像丢了魂似的到处找，不断地念叨着："我的相片呢？"直到找回了照片她才安心。

案例 4-13

依 恋 椅 子

汪小尉第一天来幼儿园，坐在老师讲台边上的一把小椅子上，窝在那儿一动不动，观察着周围的一切。她拒绝解小便，拒绝参加游戏，因为她不愿意离开这把小椅子；就连吃饭也要老师走到小椅子前去喂她。接下来的几天，小椅子移了位置，汪小尉跟着转移阵地——那把小椅子到哪里，她就到哪里。

案例 4-14

依恋玩具狗

3 岁半的万微来幼儿园时总是带着他的玩具狗，他喜欢和玩具狗一起睡觉，并给这只玩具狗取名为"小黄"，还在睡觉时和它说话。有一天，万微从自己的床上跳下来，走到老师身边，说："小黄在叫，我睡不着。可能是因为这里没有充足的光线。"

案例 4-15

依恋旧毛巾被

沈小菲从来没有离开过他襁褓时代用过的那条旧毛巾被。尽管在她卧室的壁橱里有的是小姨和妈妈的女友们送的各式各样的毛巾被、拼花夹被和小毛毯,爸爸妈妈也极尽"哄劝利诱"之能事,要沈小菲放下那条又脏又破的旧毛巾被,但都遭到了沈小菲坚决的反对。

上幼儿园后,沈小菲仍然带着那条旧毛巾被。有一天上午,老师趁沈小菲外出游戏时,将那条又脏又破的旧毛巾被拿去洗净并用烘干机将它烘干,然后放回沈小菲的床上。可是,沈小菲午睡时却抱着那条毛巾被哭了,并且哭了整整一个中午……

案例 4-16

依恋绣有小兔子的枕头

琪琪身体健康、性格活泼,只是有一个怪习惯——每天上幼儿园,书包里都要放一只小小的婴儿枕,枕头上面绣着一只可爱的小兔子。一到午睡时间,她就把兔枕头抱在胸口睡觉。偶尔翻身时,摸到"兔姐姐",就放在鼻子前用力闻一闻,用手摸摸再接着睡,如果摸不到,就要"大闹天宫"。琪琪的妈妈告诉老师:琪琪1岁左右断奶时就枕着这个小枕头,后来她一直认准这只枕头,不论午睡或是晚间睡觉,都一定要抱着它。有一次,琪琪的妈妈拿旧枕头去洗,换了其他枕头,可琪琪哭闹着不肯睡,妈妈不得不重新换回了那只绣有小兔子的枕头,这样她才安稳地入睡。

案例 4-17

依恋玩具小熊

几年来,邓佳慧不论在自己家,还是在幼儿园,或是到爷爷奶奶家或亲戚家，甚至跟着父母到外地旅行，玩具小熊都是第一重要的东西。她必须把它紧紧抱在怀里，才能安静下来。如果玩具小熊没带，她一定会烦躁不安、哭闹不休，即使到了床上也迟迟无法入睡。妈妈感慨道："这孩子有些神经质，真难带。"前不久，妈妈以搞卫生为由，将邓佳慧的玩具小熊扔到了垃圾站，结果邓佳慧整整哭了一天仍不肯善罢甘休。最后，妈妈只能又到垃圾站去帮她把玩具小熊找回来。

案例 4-18

依恋"大大熊"

妮妮每天都抱着"大大熊"去上幼儿园。所谓"大大熊"，就是一只毛绒熊玩具。每次玩"娃娃家"时，妮妮就将喜爱的"大大熊"搂在怀里，轻轻抚摩它，并用自己的脸和身体蹭"大大熊"。

案例 4-19

依恋自己的物品

董敏是个"不怕累"的孩子，什么都要拿在手里。午睡的时候，甚至要抱着自己的鞋子才肯睡下；天气转凉，董敏又提出要抱着自己脱下的衣服，否则就不肯入睡。

幼儿所恋之物，有其玩过的玩具，有其用过的物品，有其最亲近的人用过的物品；有的依恋这些物品的气味，有的依恋这些物品的质地，有的依恋这些物品的图案、样式，有的则依恋整体物品……这些物品从不同的角度给幼儿以慰藉，可以缓解幼儿内心的压力，增强他们的安全感。

从严重程度来看，幼儿的恋物行为可分为不间断的恋物和间断性恋物。前者是每时每刻都离不开依恋物，无论身处何时何地都要带着依恋物在身边；后者则是只有在特定情境或活动（如睡觉）时才需要将依恋物带在身边。

3. 幼儿黏人的表现及原因

黏人是指幼儿靠近教师的所有行为，包括跟随教师、拥抱教师、抓住教师的胳膊或拉着教师的衣服。

对于新入园的幼儿来说，黏人行为是很常见的。特别是当他们感受到压力和不安时，更加容易发生黏人现象，并且其程度更加强烈。当幼儿所黏的教师不在场时，该幼儿就会六神无主地到处去找或哭泣着不停地说："××老师去哪儿了？我要去找××老师！"许多时候他们还拒绝参加班级的所有活动，甚至不吃、不喝、不睡。黏人严重地影响幼儿的正常学习和生活，甚至还影响到被黏教师的正常工作。

黏人说明幼儿缺乏安全感、适应不良，是幼儿自我保护的表现。我们在调查幼儿黏人的原因时，就有幼儿说他们黏人的理由是："我不想和那些小朋友玩，我怕他们欺负我。""那些小朋友做游戏动作灵活，反应快，我没法做得像他们一样好。和他们一起玩，我觉得自己会被嘲笑。""我更喜欢和崔老师在一起，这样就不用做不会做的事情，即使做不好也不会被嘲笑。"

（二）幼儿的吮吸手指、恋物行为与教育

幼儿吮吸手指、恋物都是其有心理压力和缺乏安全感的一种表现。由于有心理压力和心理缺乏安全感而出现的心理行为问题，除了吮吸手指、恋物外，还有咬嘴唇、咬指甲、吮吸衣角或衣领、黏人、撕衣服、拔头发等。对于幼儿由于内心紧张不安而出现的此类心理行为问题要正确应对，否则，可能矫正了幼儿外显的心理行为问题，却导致幼儿产生更为严重的其他心理行为问题。

1. 正确认识吮吸手指、恋物、黏人等心理行为问题的积极意义

任何一种心理行为包括心理行为问题，都具有适应性意义，幼儿由于内心紧张和不安所致的吮吸手指、恋物、黏人等行为也不例外。从适应性角度来看，这些心理问题行为都能在一定程度上使幼儿的紧张情绪得到一定程度

的释放，使其内心的不安得到一定程度的缓解，其负性情绪也不致过多地积聚在心中，从而避免产生更为严重的心理行为问题。

2. 努力寻找并消除造成幼儿内心紧张和不安的因素

造成幼儿吮吸手指、恋物、黏人等心理行为问题的根本原因是其内心的紧张和不安。因此，要从根本上消除幼儿的此类心理行为问题，就要努力找出引起幼儿内心紧张和不安的因素，然后消除这些因素对幼儿的不良影响。

研究表明，造成幼儿心理紧张和不安的主要因素有家庭（家庭缺乏愉快的气氛——父母不和，经常有意无意地在孩子面前大吵大闹；生活单调乏味——缺少感兴趣的玩具，缺少玩伴；环境突然变化——刚去幼儿园、搬家、突然更换主要抚养人或家中的某位亲人突然逝去等；父母对孩子过于严厉和苛刻或期望过高；父母工作忙，很少有时间与孩子娱乐、沟通交流，生活无乐趣，等等）和幼儿园（幼儿园课程负担超越了幼儿的能力、教师过于严厉、同伴过于优秀、同伴攻击、幼儿园生活与家庭生活差距过大、转园、转班、与好朋友分离、集体教学活动不符合幼儿的需要和兴趣、缺乏自由自主的时间和空间、感受不到教师的爱、在幼儿园生活得没有尊严等）两方面。幼儿园和家庭应该分别从自己的角度查一查，到底是哪些因素导致幼儿内心的不安，然后，努力消除这些"紧张源"，让孩子轻松愉快地成长。

3. 心平气和地接受幼儿因心理安全感缺失而产生的心理行为问题

发现幼儿因内心紧张和不安而出现的各种心理行为问题时，我们要心平气和地接受。

◆ 要意识到该幼儿正处在内心紧张和不安状态，他这时需要的是谅解和帮助，而不是批评、指责和谩骂。

◆ 不要强行禁止幼儿吮吸手指、恋物、黏人等因内心紧张和不安而出现的心理行为。因为禁止只能从表面上消除这些心理行为，并不能减轻幼儿内心的紧张，更不会消除幼儿内心的不安，相反，还会增加幼儿的心理负担，促使幼儿产生其他替代性的心理行为问题，如幼儿吮吸手指的行为消失了，但过一段时间我们发现幼儿改为"吮吸衣角"、"咬嘴唇"、"吮吸被角"、"拔头发"了，甚至发生的频率可能更高；再者，幼儿的这些心理行为在某种程度上可以缓解幼儿内心的紧张和不安。
- ◆ 不要过分关注幼儿吮吸手指、恋物、黏人等因内心紧张和不安而出现的心理行为。因为过分关注反而会增加幼儿内心的紧张和不安，进而使类似的心理行为发生的频率提高。

4. 营造一种公平公正的心理环境

幼儿园是一个特别需要公平公正的地方。教师要公平公正地对待每个幼儿，幼儿也要公平地对待同伴。让每位教师、每个幼儿都有平等地展示自己、发展自己的机会。特别要防止"马太效应"的产生——不应把过多的荣誉和机会集中在少数幼儿身上。有时，把机会给某些幼儿，可能会为班级带来更高、更多的荣誉；但其他幼儿会因此而失去平等的表现和发展的机会。相对而言，大家平等的发展和表现自我比起所谓的荣誉更为重要。因为幼儿园是一个促进幼儿发展的地方，而不是训练参赛运动员、演员的地方。比赛的赢输不重要，重要的是让每个幼儿感觉到幼儿园是公平公正的地方，同时每个幼儿在其中都能得到发展。

- ◆ 让每个幼儿都有均等的发展和表现机会。
- ◆ 让每个幼儿都有均等的获得荣誉、赞美的机会。
- ◆ 让每个幼儿都有均等的获得关爱的机会。
- ◆ 让每个幼儿都有均等的与其能力、需要相适应的成功的机会。

幼儿园为幼儿提供了公平公正的环境，幼儿就会心情舒畅，怨言、牢骚、压抑、不安就会消失，班级就会成为让幼儿心灵舒展、让他们感到心安的地方，幼儿园班级就会变成他们向往的地方。

5. 营造一种相互尊重的心理环境

在幼儿园里应该营造一种相互尊重的心理氛围，相互尊重的理念应该深入到幼儿园里每个人的心灵深处，渗透到幼儿园的每个角落、每一项活动、每一个环节之中，让生活在幼儿园里的每个孩子都过上一种有尊严的生活，每个人都受到充分的尊重。尊重应该是无条件的——不要因为幼儿犯了错误就不尊重他，不要因为幼儿出身低微就不尊重他，不要因为幼儿不聪明能干就轻视或忽视甚至贬损他——这里要特别强调对幼儿中弱势群体的尊重，因为如何对待他们考验着幼儿教师的职业良知，同时也考验着整个社会的文明程度。

◆ 让每个幼儿都有充分表达自己观点和意愿的机会。

◆ 不同的观点、不同的行为方式，在幼儿园里都应受到充分的尊重。

◆ 在幼儿园里，任何一个幼儿都不能因为任何原因而成为大家取笑的对象。

◆ 幼儿园里应该流行这种温暖人心的做法："如果他做得好了，你就大声地告诉别人；如果他做得不好，你就小声地告诉他自己。"这种温暖的做法体现了对幼儿的尊重，让幼儿有尊严地生活。

◆ 不要滥用"少数服从多数"的策略来处理问题。因为"少数服从多数"有可能会变成多数人对少数人的不尊重。尊重，应该是对所有的人都尊重，而不应仅仅是对多数人的尊重。

◆ 接受并尊重每个幼儿的特点，包括他们的优点和所谓的缺点。

◆ 尊重幼儿的经验、家庭背景、意愿、判断。

◆ 尊重幼儿的能力，不要对幼儿提出超越他们能力的要求。

◆ 平等地对待每个幼儿，不要以能力、家庭背景、听话与否来判定他们的价值。

◆ 生活、学习及游戏活动都要以符合幼儿内在的节奏和速度来展开。

只有幼儿得到了充分的尊重，他们才不会为"失去尊严"而忧心忡忡。

6. 营造一种宽容仁慈的心理环境

要使幼儿园成为一个宽松、宽容、宽厚的地方。幼儿园不同于军营，也不同于监狱，更不同于医院，幼儿园应该是舒展心灵、放飞个性的地方。由于能力和经验有限，幼儿经常会犯一些"低级的错误"，甚至屡屡犯同样的低级错误，这就需要教师有一颗宽容仁慈之心，要心平气和地接受幼儿的错误，并将之当作孩子不断进步所必需的阶梯，而不要总是严厉苛刻地对待屡犯错误的幼儿；幼儿园是个可以犯错误的地方，幼儿所犯的所有错误都是可以原谅的，否则，在幼儿心目中，教师就是恶魔，幼儿园就会成为地狱。

◆ 教师不应该因幼儿犯错误而记恨幼儿，要以积极的心态去看待幼儿犯错误——犯错误，说明幼儿在不断尝试新的事物，说明幼儿会因此而不断地进步；犯错误是幼儿成长所必需的，教师不仅应该允许幼儿犯错误，甚至应该让幼儿犯他们这个年龄应该犯的错误。

◆ 教师不应该因幼儿屡犯低级错误而对他说："我恨死你了！"当然也不能为此而对他怀恨在心。

◆ 教师不应该因为幼儿犯错误而对幼儿发火，而应该让幼儿从犯错误中获得发展。

幼儿敢犯错误，不怕犯错误，是其心理生活环境安全的一种表现，也是幼儿具有心理安全感的表现。

7. 以幼儿能理解的方式表达老师对他们的爱

有爱在，幼儿园就会成为幼儿向往的地方。许多幼儿入园后焦虑不安，其根本原因就是幼儿入园后没有感受到教师对他们的爱。

我们曾对100多名幼儿教师进行调查："请告诉我，你爱你们班的孩子们吗？"得到的回答是，幼儿教师百分之百地爱她们班的孩子们。然后我们又问这些老师所带班上的孩子们："你觉得老师喜欢你吗？"结果300多名孩子中只有33.2%的孩子确认老师喜欢他。这说明：教师的爱，许多都没有让幼儿感受到。这就提醒我们教师：要用幼儿能理解的方式来表达老师对他们的爱，并且明确地表达，无论在何时何地何种情况下，老师都始终如一地爱着他们，这样，幼儿就不会为爱的得与失而忧虑。

8. 丰富幼儿的生活
（1）幼儿园学习生活的丰富和充实
◆ 集体教学活动要动静结合。

◆ 一日活动中，要使不同性质的活动相结合，如艺术活动与非艺术活动相结合；有组织、有纪律的活动与自由自主活动相结合；室内活动与室外活动相结合。

◆ 不同性格的教师配班合作，让幼儿受到不同风格教师的影响。

◆ 各种教育活动都要为满足幼儿的各种心理需要来设计和实施，让每个幼儿的心理需要都得到适当的关照。

◆ "教师讲—幼儿听"与幼儿自由探究相结合，并且以丰富多彩的探究为主。

◆ 集体活动与小组活动、个人活动相结合，以小组活动为主。

◆ 让幼儿双手有事做。双手忙着从事活动的幼儿，不太可能把手指放进嘴巴里，黏人的欲望也会减少。因此，教师要让幼儿有很多机会进行活动，而不是找不到事做，无奈无聊地、长时间地等待。

（2）家庭
◆ 什么时候都不能对孩子说"你不……的话，爸爸妈妈就不要你了"，以免孩子产生可能随时被父母抛弃的忧虑。

◆ 丰富孩子的生活。多和孩子做游戏，多陪孩子玩，多和孩子聊天，多带孩子到自然界去走走。

◆ 经常带孩子外出与其他小朋友玩，或者约其他小朋友到家里来玩。

◆ 给孩子足够的自由自主的时间和空间，不要让"兴趣班"把孩子的时间和空间塞满。对于幼儿期的孩子而言，玩耍比学习更重要。过多的学习不仅不能让孩子赢在起跑线，反而会让孩子的身心都受到损害。

◆ 给孩子创造一个温馨、愉快的生活环境。父母应以积极的情绪和表情去影响和带动孩子，使他们拥有一颗愉快的心，父母不要把工作、生活中本属于父母的烦恼带给孩子。

只要家园共同努力，随着心理的日益轻松，生活不断丰富充实，相信幼儿因心理安全感缺失而产生的心理行为问题一定会逐渐地消失。

9. 矫正幼儿吮吸手指、恋物、黏人的技术要点

上述1—8条教育措施是"治本"之法，也是预防之法；下面介绍的技术要点是"治标"之法，是速效之法。在实践过程中，应该将两者结合——标本兼治，不过，我们还是要强调，"治本"之法才是矫正幼儿吮吸手指、恋物、黏人等心理行为问题的基础。

(1) 矫正幼儿吮吸手指的技术要点

①行为塑造技术要点。

幼儿教师可以使用行为塑造技术来矫正幼儿吮吸手指的行为习惯，其具体程序如下：

A. 花一个星期的时间观察幼儿在园吮吸手指的次数，然后算出该幼儿在园平均每天吮吸手指的次数为 n。

B. 告诉该幼儿你已注意到他的吮吸手指行为，但不要否认他从中所得到的乐趣和安全感，也不要告诉他你对他的这种行为的担心，以免引起其更大的焦虑。如果幼儿能理解的话，可告诉他吮吸手指会让他的牙齿长得不漂亮。

C. 告诉该幼儿，你想和他一起减少吮吸手指的行为，然后把你的计划告诉他：如果一天吮吸手指不超过 n 次，老师就奖给他1颗小红星，获得5颗小红星，就可兑换1颗大红星，得到4颗大红星后可让爸爸妈妈带他去儿童

第四章 情绪方面的心理行为问题与教育

公园玩一次（此项目是与其父母约定好的，项目还可以是该幼儿喜欢的其他活动或物品）。

D. 如果幼儿能连续 5 天以上达到改进的目标，那么调整下一个改进目标为每天吮吸手指的次数为（$n-2$）次，[（$n-2$）-2]次，……直到该行为消失。

这样循序渐进地矫正幼儿的吮吸手指行为，幼儿的痛苦很少，甚至没有痛苦，因此，矫正的阻力也不大，加上幼儿达到目标后会获得相应的奖励，幼儿很容易接受，极容易达到矫正的目标。

② 占用双手。

教师和家长可以想出各种办法来占用孩子的双手，让孩子去做需要双手完成的事情或者游戏，这样孩子吮吸手指的时间就会逐步减少，甚至根本没有时间来吮吸手指，幼儿的这一不良习惯就会逐渐消失。

③ 厌足疗法。

厌足疗法是心理治疗的一种方法。如果幼儿的吮吸手指行为十分严重，教师和家长可以安排特定的时间，让幼儿集中精神吮吸手指，比如可在午饭后或晚饭后规定让幼儿专心地吮吸手指 20 分钟。如果时间没到 20 分钟，幼儿就停止吮吸手指，那么，教师和家长就要重新开始计时，一定要让其吮吸达到 20 分钟，每天这样坚持，并逐渐延长时间。一般用这种方法几次之后，幼儿就会对吮吸手指十分厌恶，主动要求停止。

④ 欲擒故纵法。

欲擒故纵法是本来想禁止幼儿的吮吸手指行为，却故意让他们自由地吮吸手指。

经过协商，教师、家长与幼儿达成一份吮吸手指的协议，其内容如下：

A. 幼儿可在如下时间自由地吮吸手指：

上午 10:20—10:30

下午 13:20—13:30

晚上 20:00—20:10

B. 除了在规定的时间里可以吮吸手指外，在其他时间里不允许吮吸手指。

每当吮吸手指的时间一到，教师即宣布：吮吸手指的时间到了，喜欢吮吸手指的小朋友可以吮吸手指 10 分钟，其他小朋友可以看着别人吮吸手指，不可取笑他们。

最初几天，喜欢吮吸手指的孩子总是迫不及待地低着头专心致志地吮吸手指，当着众人的面，使出吃奶的劲儿，弄得啧啧有声……

一个星期后，这些孩子对吮吸手指再也没有兴趣了，自然他们的吮吸手指行为也就消失了。

心理学上有个心理效应叫作"禁果效应"，即越是被禁止的行为，人们去做这种行为的欲望就越强。当吮吸手指是被禁止的行为时，幼儿对这一行为的兴趣就愈加浓厚；当允许幼儿自由公开地吮吸手指时，吮吸手指这一行为对幼儿反而失去了吸引力。

（2）矫正幼儿黏人的技术要点

矫正幼儿的黏人行为可以按以下程序循序渐进地进行：

- ◆ 告诉黏人的幼儿你所期待的行为表现。真诚地告诉黏人的幼儿：他的黏人行为妨碍了你的正常工作，要清晰地表达——你不喜欢的是他的黏人行为而不是他这个人。
- ◆ 当幼儿开始黏人时，温和地离开他。不做任何解释，不要愤怒，也不要关注他，因为你的解释、愤怒、关注都可能成为对他黏人行为的一种强化。
- ◆ 当幼儿如你所期待的那样参与班级活动时，要表扬他。可以是口头表扬，也可以是给他一个亲热的拥抱。
- ◆ 每天用 5 分钟左右的时间和喜欢黏人的幼儿单独相处，并且告诉他："我有 5 分钟时间单独陪你一个人，你看看，我们能一起玩些什么游戏呢？"时间到了就结束这一陪伴活动，并且告诉他："如果明天你不黏人的话，老师还会抽出时间来陪你玩。"
- ◆ 创造简单的轮流体系，让每个幼儿都有均等的机会来"黏"老师。让幼儿看到教师对每个幼儿都是公平的。
- ◆ 和黏人的孩子玩距离游戏。告诉他："你坐到我的对面去，咱们一起玩桌面游戏或下棋。"如果有其他小朋友一起参加，或者当他自己玩得很开心时，你就可以悄悄地离开。
- ◆ 尝试给幼儿找个好玩伴。策划一些游戏活动，让幼儿和其他有共同兴趣的小朋友一起玩，当他们玩得高兴时，你再悄悄地离开。
- ◆ 建议家长经常带孩子到社区里和其他小朋友，特别是本班的小朋友一起玩，建立友谊，让孩子不再黏老师而是去黏小伙伴，并从中获得快乐。

（3）矫正幼儿恋物的技术要点

①家园统一认识和态度。

教师应该把自己对孩子恋物行为的看法分析给家长听，让其配合：在家多关心孩子，多陪孩子玩，多与孩子沟通，多带孩子外出和其他人特别是与小伙伴们接触玩耍，培养孩子多方面的兴趣。当孩子不恋物时，在全家人面前表扬他。家园相互沟通孩子在减少恋物行为方面的进展，相互交流，相互鼓励。

②转移幼儿的注意力，让他从其他活动中获得快乐。

鼓励孩子从家里带一些好玩的玩具来和其他小朋友一起玩、带一些食品来和小伙伴们分享，让孩子从分享中获得与人交往的快乐，然后逐渐鼓励孩子加入其他孩子组织的游戏活动，让其身心都动起来，淡化其对依恋物的依赖。这里特别强调要让孩子的手动起来，让他觉得依恋物妨碍了他的快乐活动，这样，孩子就会逐渐淡忘甚至厌烦以前离不开的依恋物。

③帮有恋物倾向的幼儿找朋友。

恋物的幼儿大都较为内向，如果幼儿找不到现实生活中的朋友，就容易迷恋某个物品。幼儿的心理和行为很容易受同龄人的影响，因此，教师不妨有意识地给有恋物倾向的幼儿安排一些性格外向、热情的幼儿做他们的朋友——在教师指导下和他们一起玩，和他们手拉手到外面散步，和他们在同一个兴趣小组活动。另外，幼儿都有从众心理，通过与小朋友交往，幼儿发现别人都没有恋物的爱好，自然会慢慢纠正自己的恋物行为。

④让孩子在班级里找到归属感。

如果幼儿在班级里受到冷落，就可能敏感地认为"大家都排斥我"，"这个集体好像不属于我"，"大家不在乎我"，"在班里我一点作用都没有"，"班里做什么事都没有人叫我一起去做"……久而久之，幼儿就会对集体产生排斥心理，进而增加"恋物"的程度。教师应尽量让有恋物倾向的幼儿融入集体之中，并在集体的各项活动中发挥其应有的作用，这样，幼儿在班级中感受到自己的重要性，感觉到自己在集体中是有用的、是被重视的，从而增强其自信心和参与集体活动的积极性，进而降低"恋物"的程度。

⑤眼勤、手勤。

眼勤：及时发现午睡时某个幼儿表现出来的不安情绪。

手勤：当孩子有情绪问题时，教师要及时走过去抱抱他或者摸摸他的头、亲亲他的小脸，用身体靠近他，给他温暖和安慰；让幼儿感受到妈妈一样的温暖，以此来改变其之前不安的情绪。

⑥循序渐进。

对于幼儿的依恋物，如果教师一味地说"不可以"，幼儿会接受不了，这样更加不利于其情绪的稳定。如，面对睡觉时恋物的幼儿，教师可以在睡前先和幼儿说："你先抱一会儿，等你睡着就让它也去玩一会儿。"或者反过来说："你先睡着，等你睡着了它会悄悄地躲到你的身边。"对于情绪稍好一些的孩子，可以直接跟他说："先抱一会儿，然后和它告别，说声午安。"等幼儿同意后，再逐步缩短他们拥有依恋物的时间。帮助幼儿调整恋物行为千万不能操之过急，应该给他们一个适应的过程，幼儿逐渐适应后便会自然而然离开依恋物，平静地入睡。

⑦榜样学习法。

幼儿好模仿，模仿是他们学习的一个重要途径，也是矫正幼儿不良心理行为的一种有效方式。教师可以通过模拟或真实的情境来引导幼儿学习或模仿同伴良好的行为，从而改变自己的不良行为。

案例 4-20

榜 样 法

区角活动刚开始没多久，史童向老师要他的破旧的布熊。

教师："先回答老师一个问题，咱们班你最喜欢谁？"

史童："我喜欢易小斌。"

教师："你看易小斌正在干什么呢？"

史童："他在摆积木。"

教师："易小斌有没有拿布熊？"

史童："没有。"

教师："易小斌真是个好孩子。我们的史童也很棒，不要布熊对吧？"

史童："嗯！"

教师："史童真棒，老师表扬你。"

老师表扬完史童，在他的额头上亲了一下。史童高兴地跑到易小斌旁边玩积木去了。

⑧同理心。

当幼儿出现恋物行为时，教育者要体谅幼儿的心理与需要，不要粗鲁地指责幼儿。如，不要对幼儿说："你为什么总是抱着那床被子？真是让人讨厌！""布熊会说话吗？你老和它讲什么悄悄话呀？！""你又把那个脏东西拿过来了！你什么时候才能长大呀？别总是拖着它在教室里走来走去！快扔掉它！"教师应对幼儿说："我们先去洗脸，可以把它放在那里，让它等一等。你一洗完脸就可以看到它了。""布熊有什么味道吗？是不是闻了它心情就会很好？让老师也闻一闻吧！""哦！你的布娃娃虽然很旧了，但还是那么漂亮！今天你和这位漂亮的朋友都说了些什么呢？你心情好吗？你能不能把和它说的话也和老师说说呢？"教师的体谅会让幼儿感受到莫大的安慰，反而让其对该物品的依恋减弱。

在家园的共同努力下，相信孩子会逐渐摆脱对依恋物的迷恋。

四、任性

（一）幼儿任性的表现

任性是指幼儿不管事情对自己是否有益，任凭自己的性子和喜好去做事；或对个人需求和愿望毫不克制，全然不理会他人感受的一种行为倾向。任性是一种不良的性格特征，它具体表现为：自我意愿不受制约，一味地从心理、行动上求得满足。任性的孩子又常常表现为不达目的不肯罢休，非常执拗，甚至胡搅蛮缠，会为了一点小事而莫名其妙地大声哭闹、嘶叫，甚至在地上打滚，坐在地上不愿起来，有的幼儿长时间赌气、不理人、不吃东西、乱掷和乱折东西等。幼儿的任性行为主要表现为以下四个方面：

1. 主动抗拒

一旦目的达不到，任性的幼儿就会采用哭闹、扔东西、发脾气来坚持自己的立场，"我不要……"、"我非要……"等词语常挂在嘴边。

2. 消极对抗

幼儿对教师和家长的要求表面上服从，却故意不按要求去做，有意拖延时间，生闷气，发牢骚。

3. 逆反

对教师和父母的要求采取背道而驰的做法，比如，让他安静一点，他不仅不安静，反而大喊大叫；让他把玩具收拾好，他不但不收拾好，反而把玩具弄得到处都是；叫他走路快点，他不但不快点，反而走得更慢；叫他上课时别干扰别人，他不但不停止干扰行为，反而变本加厉地逗弄其他小朋友，让其他小朋友无法正常地学习，教师的课也无法正常进行……

4. 执拗

幼儿非常固执地坚持自己的想法、做法及愿望，根本听不进别人的劝告。如在家里，牛小武想要什么，就一定要得到，得不到誓不罢休。他看到别的男孩有一支激光水枪，非常喜欢，就让妈妈给他买；妈妈说一个月只能买一次玩具，要等到下个月，但他根本等不到下个月，每天都和妈妈提好多次要求，这样过了三五天，妈妈实在拗不过他，只好答应给他买。在家中，牛小武凭着自己的"拗劲"，每次都能"战胜"妈妈。

（二）幼儿任性的原因

幼儿出现任性行为的主要原因有如下几个方面：

1. 任性是幼儿心理需求的一种反映

研究表明，幼儿任性往往是其心理需求的一种表现。比如，4岁的小勇偶见表姐晓虹有个新玩具，在表姐离开后便开始哭闹，非得立即有个同样的玩具不可。但此时已是夜深人静，外面的商店早已关门。于是，小勇哭闹了一整夜。在父母看来是小勇任性，无理取闹，因此，他们不断地责怪小勇"要别人的玩具"，或者"性子太急"。其实，小勇只是觉得那个玩具上闪亮的灯好玩，他想弄明白灯为什么会闪亮，仅此而已——这就是一种认知的心理需求。当这种心理需求得不到满足时，他就与父母作对，以哭来抗议，不达到目的绝不罢休。又如，一些孩子每每人多时就表现出"人来疯"——喜欢瞎胡闹、乱起哄，其实是孩子受到了冷落——被关注的需要没有得到有效满足的一种反应，其"潜台词"可能是：我不想受到冷落，如果大家还不把我当一回事，那么我会闹得更凶！

2. 任性是家庭溺爱迁就的结果

在许多家庭里，孩子是家庭的中心，对于孩子的要求，许多家长没有很好地思考其合理与否、正确与否；只要是孩子喜欢的、爱吃的、爱玩的……都一味地迁就、满足。如，有的孩子对任何零食都兴趣浓厚，似乎永远也吃不够。如果家长对孩子百般迁就、放任、姑息、纵容、百依百顺，孩子就不能形成正确的生活常规和行为准则。家长事事都顺着孩子的性子是幼儿产生任性行为的温床。

3. 任性是成人对孩子的教育态度不一致的反映

在一些典型的"四二一"家庭，当父母教育孩子时，爷爷奶奶或外公外婆会加以制止，甚至会当着孩子的面责备孩子的父母，让孩子的父母在孩子面前失去威信，有的爷爷奶奶或外公外婆还背着孩子的父母溺爱、娇惯孩子，这样就使孩子无所适从，甚至感到大人是可以利用的，进而更加放纵自己。

4. 任性是模仿的结果

如果在家里或者亲友中有人任性，当孩子不止一次地亲眼看到别人任性的表现，而且任性得到了不错的结果时，孩子就会模仿。比如，亲朋好友一起庆祝节日或者外出旅游，其中有一个孩子在大人面前有任性的行为，而孩子的家长不但没有教育他，反而迁就他，满足他的某种要求，这就为其他孩子树立了一个反面教育典型。孩子没有判断是非的能力，遇到类似的情况，就会模仿。

父母的任性也会成为孩子的样板。现在的幼儿家长以"80后"、"90后"居多，他们中的很多人都是独生子女，自己本身就存在着许多不足，其任性行为在家庭中毫无遮掩地表现出来，孩子又不会区分对错，这样就为孩子提供了不好的模仿素材。

5. 任性是哄骗式教育的反映

当有的家长不能满足孩子的要求时,就随意地哄骗孩子而不去兑现承诺,这样会使孩子感到失望、委屈,对成人失去起码的信任,认为成人说的一切都是骗他的,不管别人说什么他都不会听了。

(三) 幼儿的任性行为与教育

幼儿的任性不仅给大人带来了许多不该有的麻烦,而且会影响幼儿心理的健康发展,甚至会影响到其一生的发展。因此,教育者要注意从小纠正孩子的任性行为和倾向。

1. 满足幼儿的合理需要

平时,教师和家长要关注幼儿的需要,对于幼儿的合理要求要尽量满足——只要是合理的,幼儿不哭不闹也努力给予关照,不要总等到幼儿哭闹着提出要求后才给予满足,否则就会强化幼儿以哭闹作为达到目的的手段的倾向;对于幼儿的不合理要求,任凭他怎么哭闹,也不要满足他,否则会强化孩子以哭闹作为达到目的的手段的倾向。在处理孩子的任性行为方面,成人之间(包括教师与教师之间、家长与家长之间、教师与家长之间)的态度要保持高度一致并且要坚决,否则幼儿的任性行为就永远不会得到彻底纠正,同时,这样做还会使孩子形成不良的双重人格(孩子在幼儿园教师和严厉的父母面前是个乖孩子,在爷爷奶奶和外公外婆面前则是极端任性的孩子),这不利于幼儿心理的健康发展。

当幼儿表现出任性行为时,不要只是简单地责备幼儿,如武断地说"不可以"、"不行"、"不能",而应该思考幼儿任性行为背后的真实需求是什么,这时教育者应该多问一问幼儿"这是什么原因?"、"你是怎样想的?",然后对其需求给予合理的关照,幼儿就会因此而变得冷静和理性。如前面提到的小勇的父母,若能了解到孩子的好奇心所在,表扬他爱动脑筋、很聪明,并承诺明天将与他共同研究玩具的灯闪亮的原因,那么孩子的情绪就会好得多,至少他会从心理上感到父母对他关注"闪亮"问题的认可。

2. 注意一致性原则

教育者（包括教师和家长）对幼儿的教育态度一定要统一，尤其是在幼儿任性时，教育者更应该统一要求。如果有人从严，有人偏袒，孩子的任性会愈演愈烈，很难改正。

另外，面对幼儿的任性心理与行为，还要注意前后态度的一致性，即对于幼儿的不合理要求，现在不能满足，今后无论他如何哭闹，都不能给予满足。

持之以恒地坚持应对幼儿任性心理与行为的一致性原则，会让幼儿彻底放弃以任性为手段达到其目的的一切幻想，其任性心理与行为就会逐渐消退。

3. 为幼儿树立良好的榜样

首先，教育者要以身作则，从自身做起，克服任性，为幼儿树立良好的榜样。

其次，在幼儿园同伴中树立不任性的榜样。当幼儿任性时，让他看看别的幼儿如何正确地表达自己的愿望、如何正确地做事。

学习的榜样还可以是来自影视或艺术作品中的模范人物。

4. 矫正幼儿任性的行为技术

（1）不予理睬法

不予理睬法就是指当幼儿出现任性心理和行为时，教育者漠然处之，使幼儿的任性心理和行为自然地消失的一种方法。采用不予理睬法矫正幼儿的任性心理和行为的操作程序为：面对任性的幼儿，只说一句警告的话，然后通过以下的几个步骤进行矫正。

- ◆ 面对幼儿的种种无理与胡闹行为，要采取不解释、不劝说、不训斥的办法，否则会强化幼儿的任性行为，使其目的得逞。在一般情况下，可以先保持沉默，做你正在做的事。
- ◆ 如果幼儿进一步哭闹且使你难以忍受，可以暂时离开现场。这时仍然保持不批评、不与之讲道理、不打不骂的态度。

- 等孩子的情绪稳定后,告诉他:"你刚才胡闹是不对的,现在你情绪稳定了,可以做自己的事去了!以后你再这样,我们仍然不会理你。"也可以跟他说"我知道你不开心,但你现在不闹了,真是一个好孩子",并表示出高兴、满意和关心,跟他讲道理,分析其行为,并用"相信你以后不会再随意哭闹"的话来鼓励他。

面对幼儿的任性心理与行为,教师都应漠然处之,几次后,幼儿会自然领悟到:靠任性、发脾气是不能实现自己不合理的愿望的。

(2) 转移注意法

转移注意法就是指当幼儿出现任性行为时,教育者将幼儿的注意力转向另外的场景,进而达到消退其任性行为的目的的一种方法。如,幼儿硬要某件东西,成人可以把它藏起来,并说:"你听,外面有什么声音?"然后带幼儿到外面去走一下,过一会儿,该幼儿很可能就不会再想要那件东西了。又如,当一个幼儿哭个不停,怎么劝都无效,你可以跟他说:"你看,你哭得满身都是汗,老师带你去洗手间用毛巾帮你擦擦。"或者说:"你看,你哭得满脸都是鼻涕和眼泪,多难看!老师带你去洗手间用毛巾帮你洗洗。"幼儿跟着老师走进卫生间,在老师帮他擦洗的过程中,其哭声就会逐渐停止。

(3) 自然后果教育法

自然后果教育法就是指让幼儿体验到由于自己任性而酿成的自然后果,以此来教育他的一种方法。如,幼儿不按要求吃午饭,边吃边玩,甚至只玩不吃,无论你怎么说他也不听,那就让饥饿这种自然后果来惩罚他,让他知道不按要求吃午饭的后果,使他从经验中获得判断力。有一两次教训后,幼儿在吃午饭时肯定就不敢再那么任性地玩了。

案例 4-21

只能赢不能输的小牛

小牛很喜欢下棋，但只能赢不能输。他常常不按规矩下棋，一输就掀棋盘。老师平时讲道理他也不听。终于有一天，当他要求与别人下棋时，没有一个小朋友愿意与他下，小朋友们回答他的都是："不跟你玩，你老耍赖。"此时，他感受到了掀棋盘行为的后果，体验到了没有玩伴、备受冷落的孤独和无奈。看着别的小朋友愉快地玩着，他只好央求小伙伴："你们和我一起玩吧，我不再耍赖了。"可还是没有人愿意跟他玩……

老师看到教育时机成熟了，在对小牛进行相应教育的前提下，当着小牛的面请求其他小朋友给小牛一次机会。

小牛从此以后能赢能输，再也没有出现过掀棋盘的行为了。

（4）表扬暗示法

表扬暗示法就是指当幼儿出现任性行为时，对其任性行为"视而不见"，然后通过表扬暗示激励幼儿的行为往积极的方向发展的一种方法。

案例 4-22

矫正宏凯的不良吃饭习惯

在一次谈话活动中，老师谈到了剩饭的问题。明轩一下子站起来指着宏凯说："他不吃青菜，每次都剩饭。"这下全班的小朋友都开始喊道："对，宏凯每次都剩饭。"小朋友们七嘴八舌地说，宏凯的表情十分难看。为了不让宏凯难堪，姚老师便对小朋友们说："宏凯总是剩饭吗？我怎么没有注意到呢？要不我们今天看看宏凯到底有没有剩饭？"小朋友们听了说："行。"姚老师对宏凯说："今天中午让小朋友们看看，你到底有没有剩饭，好吗？"宏凯精神振作地回答："行！"中午吃饭时，宏凯头一次把碗里的食物全吃了，随后，姚老师特意让小朋友们看了看宏凯的碗。宏凯高兴地笑了。

案例 4-23

矫正不良睡觉习惯

在值午班时，范老师发现有几个幼儿很难入睡，不是跟身边的小朋友窃窃私语，就是自言自语地说个不停；不是拍手，就是蹬腿；老师坐在他身边，他就朝老师龇牙咧嘴地做鬼脸；老师批评他们，他们却一脸的不在乎。范老师对小朋友们说："现在老师要检查哪几个小朋友睡得最香。"他们还是像没听见一样，依旧我行我素，接着范老师笑眯眯地说："噢，王静睡得真香，还有王皓、张杰睡得也很香。"范老师还特意地点了那几个没好好睡觉的小朋友的名字，"表扬"他们睡得真香。没想到，范老师刚把话说完，他们几个就乖乖地闭上了眼睛，不一会儿，就真的睡着了。

从此以后，范老师常用表扬暗示法来引导幼儿睡觉，渐渐地，这几个顽皮的孩子改掉了午睡时不安分的毛病。

(5) 角色扮演法

角色扮演法就是指创造一定的情境，让平时任性的幼儿扮演教育者的角色，对情境中的任性幼儿进行教育，进而体验教育者的不易和任性的错误的一种方法。

案例 4-24

左丽当妈妈

左丽是个任性的孩子，平时吃饭总是挑食，劝她一点用都没有，"逼"她时她就流眼泪，不吃就是不吃。

有一天，欧老师让左丽在"娃娃家"里当"妈妈"，和"娃娃"一起吃饭（事先商量好游戏的情节——几乎是左丽平时任性的重演），结果，"娃娃家"

里的"娃娃"不好好吃饭,不管"妈妈"怎么劝都没有用,"娃娃"的行为惹得"妈妈"大发脾气。

讲评的时候,欧老师特意请左丽讲讲在游戏中自己有什么感受。左丽"妈妈"十分恼火地数落起"娃娃"的各种"不是",欧老师就趁机对左丽说:"我们班里也有一个娃娃和这个娃娃差不多,让老师很头疼,你猜猜看是谁。"左丽想了一下,不好意思地低下了头。

从此,不肯好好吃东西的事情再也没有在左丽身上发生过。

(6) 幽默法

当幼儿出现任性心理与行为时,教师可采用幽默的语言、动作或表情来化解。如,易智敏早上来园时哭个不停,并且不愿意进活动室。林老师要去拉她的手,她索性躲在妈妈背后使劲地拽着妈妈的衣服,林老师见状故作惊奇地说:"哇,易智敏三天没来幼儿园,怎么变成妈妈的小尾巴了。"易智敏脸上表现出怀疑的样子。林老师接着说:"妈妈长了尾巴可真难看,来,让老师把尾巴切掉。"说着,林老师夸张地"切"开易智敏拽着妈妈衣服的手并顺势将其拉进了活动室。林老师抱着她逗她说:"现在易智敏这个小尾巴变成小美女了。哈哈,你真像孙悟空,还会变呢!"易智敏被林老师的幽默逗乐了。

五、嫉妒

(一) 幼儿嫉妒的表现

幼儿的嫉妒是指幼儿看到或感受到小伙伴在某些方面比自己能力强或条件优越,又感觉自己无法拥有这种能力或优越条件时,所产生的一种不安、不服、不悦、失落、烦恼、怨恨甚至仇视,并企图破坏小伙伴的优越状况的消极情绪和行为。如,当幼儿看到别人有漂亮的裙子时,想的是"真是一条漂亮的裙子啊！如果我也有，那该多好啊"，这是羡慕；如果想的是"为什么她有这样的裙子，我却没有？我不管，我也要"，这就变成嫉妒了。前者是积极情绪，后者是消极情绪。

调查中发现，85%的家长认为自己的孩子有嫉妒心，看到小伙伴的智能、名誉、地位、成就或者其他条件比自己强或比自己优越时，就会产生不安、痛苦或怨恨的情绪。如，早晨佳美拿来一本崭新的《童话大王》，壮壮马上对老师说："老师，我明天给你带好多本好看的书，不给佳美看。"老师摸着壮壮涨红的小脸笑着问："为什么呢？"壮壮很认真地说："有什么了不起，不就是几本书吗？！我让我妈妈买更多的书。"

案例 4-25

撕照片的理由

一天，粟老师在组织活动时无意间发现，"好孩子"评比栏上徐璐小朋友的照片不知被谁撕破，都快断成两半了。这可是班上从未发生过的事，是谁这么大胆呢？粟老师有点恼火，但因无法马上详查，事后一忙，竟把这件事给忘了。

两天后的晨区活动时，粟老师突然发现评比栏上徐璐小朋友的照片竟然不见了，四处寻找也不见。照片插得牢牢的，应该不会掉下来，联想到两天前的照片被撕一事，粟老师猜想一定是出自同一个人之手。谁这么胆大妄为，一错再错呢？

粟老师展开了细心的查询，可是一无所获。粟老师又抓住时机对孩子们进行诚实教育，教育孩子们做了错事要敢于承认，改正后还是好孩子，可是事情仍无进展。粟老师想到孩子也许是不好意思在大家面前承认错误，于是对大家说："谁要做了错事不好意思当众承认，过后可以悄悄地告诉老师，老师还是会原谅他的。"不一会儿，果然有个小朋友来向粟老师承认错误。出乎意料的是，这个小朋友竟是平时遵守纪律的敏洁！而更令粟老师惊诧的是，她撕了照片后又把它扔掉的唯一理由竟是:"徐璐老做那些漂亮的动作,我很讨厌她。"

因为别人比自己优秀,内心不舒服,就撕毁评比栏上别人的照片,这是幼儿嫉妒心理的一种行为表现。

1. 幼儿嫉妒心理行为的特点

嫉妒之心人皆有之,不过,幼儿的嫉妒与成人的嫉妒相比具有其独特之处。

(1) 明显的外露性

这是幼儿嫉妒心理与成年人嫉妒心理最主要的区别。成人往往会考虑各种因素而尽量掩饰自己的嫉妒心理,而幼儿一般会通过具体的言行直率地表露自己的嫉妒情绪,他们通常不去考虑自己的嫉妒是否会引起别人对自己的不良评价等后果。如,一天早上,小娟从老师身旁经过,耿老师就顺便夸她的蝴蝶结漂亮,可是没想到竟然"惹火"了班上的美女小红,她立即噘着嘴很不高兴地从耿老师身边走开。耿老师立刻下意识地走到小红身旁,问她怎么了,她竟然说:"耿老师,我不喜欢你夸小娟的蝴蝶结漂亮,我只喜欢你说我的漂亮。"小娟的嫉妒心理表露无遗。

(2) 攻击性

由于幼儿的自控能力差,所以当幼儿嫉妒其他小伙伴时,会直接通过语言、行为攻击对方、毁坏对方的物品等,以发泄心中的不满。如,在幼儿园里,曾发生过几个平日受到教师冷落的孩子围攻一个得到老师过分宠爱的孩子的事。老师问那几个孩子为什么要围攻人家,他们的回答很干脆:"谁叫老师喜欢他呢?!"

(3) 破坏性

当幼儿嫉妒别人的物品比自己的好时,他们往往会不顾后果地去毁坏别人的物品。如,"妈妈,芸芸穿的裙子可漂亮了。"朵朵嘟着小嘴儿闷闷不乐地和妈妈说。这几天,关于芸芸裙子的这个话题,朵朵已经跟妈妈说过很多次了,但是妈妈并没有在意。几天后,妈妈去幼儿园接朵朵回家,老师告诉妈妈,朵朵用铅笔把芸芸的裙子划破了。回家后,妈妈还没问原因呢,朵朵就赌气地说:"谁让她的裙子比我的好看?!"

案例 4-26

撕毁同伴绘画作品的理由

浩浩的画得到了老师的表扬,但不久,老师便发现浩浩的画被曾帆撕坏了……

老师问:"曾帆,你为什么要撕浩浩的画?"

曾帆回答:"谁让他画得比我好?!"

嫉妒是一种消极情绪,它会成为幼儿心理健康成长的一种障碍。如果幼儿长期处于嫉妒这种消极情绪状态中,其内心就会产生压抑、愤懑感,久而久之,会导致器官功能减弱,机体协调出现障碍。而这种障碍又会加剧不良的心理体验,使幼儿产生诸如忧愁、怀疑、自卑等不良情绪或性格,从而形成恶性循环,造成不同程度的身心损伤。此外,嫉妒还会影响幼儿对他人、对事物进行正确客观的认识,容易使幼儿产生偏见和怨天尤人的倾向,影响幼儿与同伴的正常交往,最终影响到幼儿社会性的健康发展。

2. 幼儿嫉妒心理行为的常见表现方式

幼儿的嫉妒心理行为问题常常通过如下几种方式表现出来:

(1)贬损嫉妒对象

当别的幼儿受到了老师的表扬时,他往往表现得不高兴、不服气,认为自己不比受表扬的幼儿差,有的还会当众揭发受表扬幼儿的缺点或不足之处来达到内心的平衡。如,在某周五,老师正在进行每周一次的小红花评比。小娟看到别的小朋友陆续得到了鼓励,自己却没有,就不高兴了。等老师准备给小明小红花时,她站起来大声地说:"老师,小明不爱护玩具,还不好好洗手,不要给他小红花。"又如,在某一天的下午,老师表扬常宽小朋友后,尹小慧马上大声地说:"他爸爸是个拉三轮车的!"

(2) 毁坏嫉妒对象的作品

幼儿的嫉妒有时表现为毁坏被老师表扬的作品。如,某天早晨,幼儿来园后不久,金勇搬出积木搭了一幢漂亮的高楼,关老师当即在全班小朋友面前表扬了他,并把他的作品放在玩具柜上展览。可过了一会儿,金勇哭着跑过来对关老师说:"关老师,尚柯把我的大楼房推倒了。"又如,琳琳在幼儿园里常常偷偷地把同桌的手工作品搞坏并丢在地上,老师发现后问她为什么这样做,她说:"我不许他做得比我好!"

(3) 损毁嫉妒对象的物品

当幼儿嫉妒别人时,有时会通过损毁嫉妒对象的物品来达到内心的平衡。如,有一天,辛老师发现钱雯穿了一双特别漂亮的白色的新鞋,就将钱雯拉到身边问:"你的新鞋真漂亮!是谁给买的?"然后辛老师亲了一下她——这一切被付晓晓看得一清二楚。新鞋子得到老师的夸赞了,钱雯特别高兴,见人就说:"我妈妈给我买了新鞋!老师说我的新鞋很漂亮!"没想到在户外活动时,付晓晓趁钱雯不注意在她的新鞋上踩了一脚,结果钱雯的新鞋上留下了一个黑黑的脚印。钱雯大哭,而付晓晓的脸上却出现了满意的微笑。

(4) 直接攻击嫉妒对象

有时幼儿会因嫉妒而攻击小伙伴。郝林和柴小虎两个小朋友在建构区玩积木,柴小虎看郝林搭积木搭得又快又好,自己却怎么也搭不好,很着急,索性走到郝林的背后观看。让人没想到的是,他突然从郝林背后猛推了一把,郝林扑倒在桌子上,搭好的积木也全都倒了。郝林哭了,柴小虎却气呼呼地说:"谁叫你搭得比我好?!"又如,在班里,老师和小朋友特别喜欢小雪,因为她唱歌唱得好,跳舞跳得好,讲故事讲得好。看见小雪那么受欢迎,小虹特别不服气,她经常抢小雪的玩具,抢小雪的小椅子坐——凡是小雪喜欢的她都去抢……但是小雪并不理她——根本不和她抢,这让小虹更加生气,有时还气愤地去扯小雪的头发。

(二)幼儿产生嫉妒心理与行为的原因

1. 幼儿容易产生嫉妒心理与行为的情况

以下四种情况最容易引发幼儿的嫉妒心理与行为:

◆ 各方面条件与自己相同、相近或不如自己的小伙伴处于优越地位。

◆ 自己厌恶或轻视的小伙伴居于优越地位。

◆ 与自己同性别或玩得好的小伙伴处于优越地位。

◆ 比自己更高明的小伙伴处于优越地位。

但是当上述情况与下列的任何一种情况重复时,幼儿的嫉妒心理与行为就不会产生:

◆ 幼儿无意与上述这些处于优越地位的小伙伴对比。

◆ 幼儿认为自己无法达到上述这些处于优越地位的小伙伴的高度。

◆ 幼儿认为自己和上述这些处于优越地位的小伙伴根本就是生活在不同的世界。

◆ 幼儿认为上述这些小伙伴的优越地位是其经过艰苦努力得到的结果。

2. 能力中等以上的幼儿比较容易产生嫉妒心理与行为

一般而言,在各方面都比较"弱"的孩子,他们都比较"安分",他们已经习惯于做"弱者"——对得不到表扬和没有表现的机会都无所谓;但能力中等以上的孩子则因为能力较强(认为自己很有能力),而又没有受到"重视"和"关注"(如被老师表扬或被老师提问等),所以会对别的有能力的小朋友产生嫉妒心理。

3. 横向评价易引发幼儿的嫉妒心理与行为

有的教师或家长经常对某个幼儿说:"你在××方面不如××小朋友。""××……真好,你要是能像他那样就好了!""你怎么能这样呢?你能不能向××学习,做得像××一样好?""你看明明那么能干,你怎么就不行呢?""人家能做得那么好,你为什么不行?笨死了!"……如此一来,会让该幼儿以为教师、家长喜欢别的小朋友而不喜欢他,会因不服气而产生嫉妒心理与行为。

案例 4-27

我想变成一只虫子

吃午饭时,老师表扬韦庆芳吃得又快又好。许多小朋友听后表情不悦地叹了一气说:"又是她第一!"我旁边的武小勇则悄悄地扯我的衣服对我说:"客人老师,我要变成一只小虫子,钻进韦庆芳的嘴巴里。"我问:"为什么呀?"武小勇有点神秘地说:"这样,她吃饭就快不起来了!"

我十分佩服武小勇的想象力!但我更为老师在班里总是表扬一个孩子在某方面的表现的做法感到担忧。

4. 性格上的某些缺陷导致幼儿喜欢嫉妒

现在的独生子女,自幼就得到家人过分的溺爱和娇宠,想要什么就有什么,想干什么就干什么,认为自己是世界的中心,他们希望每时每刻都能得到父母、老师的宠爱和关注,希望自己总是受表扬、被优待,到哪儿都想成为众人的焦点,一旦发现自己所期望的这些东西属于其他小伙伴时,马上就会觉得心里不舒服,就容易产生嫉妒心理,把别人当成"敌人"进行攻击,或者想方设法地通过各种手段(不计其道德不道德)夺回优越地位。

有些幼儿有很强的自尊心,当别人的表现比自己更优秀的时候,幼儿就会认为是抢了自己的"风头",于是就产生了嫉妒心理,总是想办法贬低他人以抬高自己。

案例 4-28

难看死了

午觉后,蒋老师正在给女孩子梳头发,忽然听见云云哭叫起来:"蒋老师,诺诺扯我头上的发夹。"老师赶忙跑过去阻止,可是已经来不及了。诺诺嘴里喃喃地说:"难看死了!"同时她无情地扯断了云云发夹上的蝴蝶花。云云见状伤心地哭了,诺诺反而显示出一副发泄后的满足表情。究其原因就是,早上云云入园时,蒋老师夸了云云的发夹漂亮。

(三)幼儿的嫉妒心理与行为和教育

嫉妒是一种自然感情,每个人都会有嫉妒之心。嫉妒者由于不能正确对待别人的进步与成绩,错误地认为别人的进步就是对自己的贬低,于是心理上自然产生一种痛苦的体验;这种消极的情绪反应持续下去,将对人的身心健康十分不利,会引起多种身心疾病,影响生活质量。法国文学家巴尔扎克曾经说过:"嫉妒者比任何不幸的人更为痛苦,因为别人的幸福和他自己的不幸都将使他痛苦万分。"英国哲学家罗素也认为:"嫉妒心强烈的人,不但期待别人的不幸,自身也会因此招致灾祸。其实,他并没有从自己所拥有的当中得到乐趣,只是从他人的幸福中得到痛苦。"

教师和家长对幼儿的嫉妒心理与行为不可以听之任之,放任不管,否则将不利于幼儿的身心健康。

1. 倾听孩子的心理感受

嫉妒是人的正常情绪,要允许幼儿有嫉妒心理。嫉妒是一种非常正常的情绪,是人对自己所处形势的一种判断,当人们发现自己弱于他人而感到威胁,同时又接受不了这一事实时就产生了这种内心感受。幼儿的嫉妒心理与行为是其因愿望不能实现而产生的一种本能的心理反应,要允许幼儿有正常的嫉妒心理，不要随便给幼儿贴上"嫉妒心强"的标签，使幼儿陷入消极自我暗示的漩涡之中；要理性地对待幼儿的嫉妒，温柔地化解幼儿的嫉妒。

当教师和家长发现幼儿有嫉妒心理与行为时，请不要盲目地对幼儿的嫉妒心理与行为进行批评，尤其是不要进行公开的批评，要耐心地倾听幼儿诉说他的苦恼，理解他无法实现自己的愿望而产生的痛苦和烦恼情绪，听完他的诉说后，不必评论，而应给他以拥抱或轻轻地拍拍他的肩膀，这样，幼儿因嫉妒而产生的不良情绪能够得到适当的宣泄，同时，又感受到教师或家长的温暖，对于缓解幼儿由于嫉妒而产生的心理压力是有帮助的。

2. 让幼儿正确地对待与别人的差距

通过各种教育活动，让幼儿懂得每一个人由于主客观条件的限制，不可能事事在人前，因此，要学会心平气和地接受自己，特别是心平气和地接受自己的短处。这样，好胜心过强的幼儿就可以在很大程度上消除嫉妒的困扰了。

另外，要让幼儿知道，当发现自己与别人的差距时，与其消极地嫉妒或无视事实、夜郎自大，倒不如学会分析造成他和所嫉妒对象之间的差距的原因、这些差距能否缩短以及缩短差距的途径和方法，以便使幼儿能正确地与他人进行比较，以积极的方式缩短差距或接受现实（其实，人与人在某些方面有差距是很正常的，许多时候没有必要刻意地去"缩短"它，将自己的长处发扬光大就很好）。做事情，只要自己付出了努力，即使与别人还有差距也不懊恼，这样幼儿的内心就容易取得平衡。

3. 营造一种相互悦纳的氛围

每个幼儿都有自己的特点，都有自己的长处，也有不如别人的地方。教师和家长对不同的幼儿做同样的比较，而且拿A的弱项与B的强项比，是不科学的，也是不公平的。这样的横向比较会诱发幼儿的嫉妒心理，不利于幼儿的健康成长。因此，我们主张教师和家长多肯定幼儿的特点，而不是与别人比较得出来的所谓的优点或强项，要让每个幼儿认识到自己的特点，对自己的特点感到自豪，同时，也学会欣赏别人的特点。不要跟幼儿说"你真棒！",而应该跟幼儿说"你真有特点！"。

教师和家长要做孩子的表率。教师不要在孩子面前因为嫉妒而对同事冷嘲热讽甚至恶意中伤；家长切莫在邻居发了一笔横财或挚友升了官时，出于嫉妒对他们横加指责、冷嘲热讽。教师和家长必须走出狭隘的自我，不贪图虚荣，不嫉妒他人，既勇于竞争，又能够超脱地面对竞争的结果，真正做到正确地认识自己、公正地评价他人，这样才能给孩子树立好的榜样。要知道，榜样的力量是无穷的，坏榜样的力量同样是无穷的，教师和家长要为孩子树立积极的榜样。

案例 4-29

各有各的特点

一次，晓萍用橡皮泥做了个玩具，然后对吴老师说："老师看——我做的玩具比小燕做的好。"吴老师马上纠正她："不是你做的比她做的好，而是你做的和她做的有不同的地方。"晓萍还是坚持说："我认为我做的就是比她做的好。"吴老师更加严肃地纠正说："不对，我认为你们两个做的东西有不同之处，各有各的特点。"

吴老师的教育意图十分明显，她就是想让幼儿能心平气和地接纳别人的特点——她强调的是每个人的"特点"而不是"长处"——"特点"是个中性词，而"长处"是个褒义词，她不想幼儿在"与人比较"中追求所谓的优越感而患得患失。

4. 不要人为地制造无止境的竞争风气

时常听到一些教师和家长这样告诉有嫉妒倾向的幼儿："别的小朋友在你之前获得成功，你在一旁生闷气可不是本事。相反，你应该激发自己的斗志，敢于和对方展开竞赛。这次他获胜了，下次你要通过自己的努力超过他。"

这样鼓励幼儿不断赶超别人，无形中是在鼓励幼儿相互嫉妒，今天你赢了,我嫉妒你,明天我赢了,你嫉妒我,如此没完没了,会让幼儿不断地处于竞赛中,处于轮流嫉妒和被嫉妒之中,孩子们的内心永远不得安宁——今天赢了,怕明天输;明天输了,又想着怎样赢回来。如此是不利于幼儿身心健康的。

我们应该鼓励的不是赢别人,而是做最好的自己,尽力就好。

在鼓励孩子方面,我不主张大家过多地鼓励孩子们竞争,我主张大家更多地鼓励幼儿合作。

5. 增强幼儿的自信

自信心越强大的幼儿,越不容易对别人产生嫉妒。而幼儿的自信源于他的成功经验的积累,源于他的能力,源于他人特别是重要他人的评价。为了增强幼儿的自信,我们应该注意以下三点:

(1) 不断发现幼儿的优点

每个人都有自己的优势,要帮助幼儿找到自己的闪光点,比如:在剪纸方面有天赋,身体的协调性很好,唱歌方面有天赋,绘画、跳舞方面有天赋,等等。让每个幼儿都知道自己也有能让别的小朋友羡慕的地方。我们应该不断地发现并告诉每个幼儿:"你这方面真不错,如果……你将更棒。"应该鼓励幼儿将自己的优点发扬光大。

(2) 对幼儿的要求应该具有一定的挑战性,同时又是幼儿力所能及的

完成具有一定挑战性的任务,会让幼儿的成就感加倍、自信心倍增;完成力所能及的事,会让幼儿感觉自己是有能力的,有利于他们自信心的形成;而让幼儿经常做力所不能及的事情,屡屡失败会让幼儿逐渐失去自信心,进而产生自卑心理。

(3) 要培养幼儿的特长,帮助幼儿建立自信

嫉妒心强的幼儿自身往往在某方面与别人相比存在差距。因此,教师和家长要避免在幼儿之间进行横向比较,应该把重点放在幼儿的纵向发展上,要努力帮助那些特长不是很明显的孩子具有一定的特长,并有意识地让他们经常有机会在班级里展现自己的特长,进而激发和强化其自信心。

六、自慰

(一)幼儿自慰的表现

案例 4-30

让父母束手无策的聂聪

5岁的小男孩聂聪,午睡时经常扑在床上睡,将小腹部紧贴着床被,两腿僵直,下身做摩擦状。他的小脸憋得通红,头上冒汗不止。有时老师走到他身边,他也毫无察觉。老师与聂聪的父母就此事沟通时,他的父母也反映,这类现象在家里也时有发生。聂聪的父母束手无策,为此十分苦恼。

案例 4-31

令老师尴尬的温笛

4岁的温笛总喜欢摆弄自己的"小鸡鸡",在做游戏或画画、唱歌时,只要手闲下来,他就会不停地摆弄"小鸡鸡"。刚刚来园工作的白老师见了很尴尬,不知道该对温笛说些什么好。

案例 4-32

紧张的傅小丽

5岁的小女孩傅小丽午睡时经常大腿紧紧交叉,合扑而睡,身体上下抽动。当老师发现有响动而走到她身边时,傅小丽的神态十分紧张。

上述三个案例中的幼儿是在进行自慰。幼儿的自慰,是指幼儿用手或其他方式刺激自己的生殖器以获得快感的现象。幼儿自慰的方式主要有如下七种：

◆ 把手放入内裤或露出生殖器，用手玩弄或抚摩。

◆ 用力夹腿、两腿交叉用力（女孩居多）。

◆ 女孩在椅子的角上摩擦阴部；男孩俯卧在床上摩擦生殖器。

◆ 用他人的身体或其他物品摩擦生殖器。

◆ 用东西或者手摩擦身体（乳头、肚脐等）。

◆ 骑在某种物体上向前和左右扭动身体。

◆ 将物品塞进裤子里等。

幼儿在自慰的时候往往伴有面红、出汗、握拳、四肢屈曲、呼吸急促、神情迷离、表情痛苦等状，这是获得快感的表现。

人类学家曾对各种族的儿童进行了大量的实地调查研究，发现幼儿玩弄生殖器的行为极其普遍，它是幼儿生长发育过程中的正常现象，同时也是一种自然、健康的行为。

从生理学和心理学角度来看，在自然状态下，自慰确实能给幼儿带来某种程度上的快感和情感上的满足，它还可以帮助幼儿打发无聊的时光，在一定程度上宣泄或者缓解其内心的紧张和郁闷，进而避免产生更为严重的心理问题。

从本质上看，幼儿的自慰行为是求知欲、好奇心和生理需要的表现，它是一种性感觉行为，不是性欲行为。任何年龄的孩子自慰都是正常的，孩子偶尔触摸、玩弄生殖器是正常的，只要频率不高就不要紧。

（二）幼儿自慰的原因

导致幼儿自慰的原因主要有如下五种：

1. 好奇心使然

当幼儿玩弄自己的耳朵、脚趾时，教师和父母会觉得他可爱、有趣、憨态可掬；但当幼儿抚摩自己的生殖器时，教师和父母往往会加以训斥、禁止。

家长这种大惊小怪、截然相反的态度恰恰引起了幼儿对生殖器的更大兴趣和好奇，促使他忍不住想摆弄自己的生殖器。

2. 性快感使然

根据弗洛伊德理论，幼儿的性发育要经过口腔期、肛门期及生殖器期。3—6岁的孩子处于一个特殊的性心理发展阶段，这个阶段被称为"性蕾期"，孩子通过实践发现触摸自己的生殖器能产生快感。第一次触摸可能是无意识的，但第一次触摸有了快感，明白了这是一种能带来快乐的行为后，幼儿就会主动追求这种快感，并不断尝试通过各种方式来获得这种快感。

3. 缺少必要的关爱

如果幼儿平时极少得到老师和家长的关爱，极少与老师和家长有亲密的身体接触（如拥抱等），就会通过触摸自己的生殖器并享受随之而来的快感来获得内心安慰，幼儿也会通过玩弄生殖器带来的快感来抵消自己情绪上的不安和焦虑。

4. 不良的卫生习惯

有些家长对孩子的卫生、清洁观念存在误区，以为做好孩子脸部、手部、脚部和身体的清洁工作就足够了，却忽略了对孩子生殖器的关照。

事实上孩子的生殖器是很敏感的，会因不卫生而受到刺激，这时孩子就会用抓挠的方式来消除不适，并且在这种抓挠的过程中体验到快感，久而久之，对生殖器的抓挠快感就会促使孩子不断地抓挠生殖器，进而形成自慰的习惯。例如，孩子有蛲虫病、小女孩的外阴部有湿疹或炎症、小男孩因包茎引起包皮炎症等，这些病症都会引起外阴部发痒，于是，孩子就会用腿摩擦止痒，如此反复，从而形成习惯性自慰。

5. 成人经常逗弄孩子的敏感部位

每个人身上都有一些特别的对刺激的感受力比较强的部位，人们称之为"快感部位"，如嘴唇、面颊、乳头、生殖器、肛门等部位，特别是生殖器和乳头，如果经常受到外界刺激，就容易产生一种微妙的感觉。有些幼儿自慰习惯的形成是由于从小其生殖器频繁地受到刺激所致。

有些家长或其他成人出于对孩子的疼爱，经常触摸或玩弄孩子的外生殖器，特别是喜欢逗弄小男孩的阴茎，一边逗弄一边开心地哄笑。生殖器反复受到刺激易产生快感，即使成人不去逗弄，孩子自己也会去抚弄以寻求快感，久而久之，就形成了抚弄生殖器的嗜好和习惯。

（三）幼儿的自慰行为与教育

虽然幼儿的自慰行为是极为平常的事，但如果幼儿自慰行为的次数偏多，教师和家长就要重视了，因为习惯性的自慰行为会使中枢神经系统经常处于兴奋状态，致使头脑昏沉、身体疲乏，进而诱发失眠、注意力不集中和记忆力减退等不良反应，不利于幼儿的健康成长。因此，教育者对幼儿的自慰行为要认真对待。

1. 理解幼儿的自慰行为

当发现幼儿有自慰行为时，教师、家长要意识到幼儿正处在不安和寻乐中（幼儿还未找到比自慰更快乐的事情），不必紧张与惊慌，更不要打骂、羞辱、讥笑幼儿。教师、家长过于紧张或有过激的表现往往会给孩子以消极的影响，从而造成孩子心理上的恐慌或紧张，进而更有可能从自慰中寻求安慰，使自慰行为发生得更加频繁。发现孩子有自慰行为时，最好的办法就是用各种有趣的活动转移孩子的注意力，以冲淡其自慰的欲望。

据研究，幼儿时期的自慰行为延续为隐蔽的手淫行为的可能性极小，一般到了上学年龄，这种行为会大大减少或消失。至于青春期的手淫行为，是孩子成人后的生理特征和成长环境决定的，和幼儿期的自慰行为没有根本联系。因此，教师和家长不必因为孩子的自慰行为而大张旗鼓、兴师动众地寻求治疗途径。如果发现孩子有这种习惯，既不要惊慌失措，更不要打骂、吓唬孩子，以免使孩子产生"性罪恶感"、"性恐惧感"。自慰行为本身一般不会使孩子出现问题，倒是教师和家长的过度反应会造成孩子精神上的负担——

幼儿既感受到自慰行为的快感，又对自己的行为感到十分担忧、紧张和愧疚，最终导致孩子成年后的性心理和性行为障碍。

2. 做好幼儿的身体检查与培养其良好生活习惯

发现幼儿出现频繁的自慰行为时，家长要带孩子去检查其阴部是否有湿疹、局部发炎、不够清洁或裤子是否太紧等；要让孩子养成良好的卫生习惯、睡眠习惯。要注意孩子的睡眠姿态，不要让孩子入睡时把手夹在双腿之间，不要让孩子俯卧等，这些都有利于减少幼儿的自慰行为。

幼儿的自慰行为常在睡前和醒后发生，因此，家长不要让孩子过早地睡觉，待孩子疲倦了，有睡意时，再让其上床睡觉。孩子睡醒后，要让他立即起床，如果他醒着不起床而在被子中玩耍，极易去抚弄生殖器，发生自慰行为。

3. 丰富幼儿的生活

从外因来说，幼儿的自慰行为往往与其生活内容和形式过于单调有关。因此，让幼儿在丰富多彩的活动中享受学习和生活的乐趣，有利于减少其自慰行为。

尽可能地让用手的活动来"占住"幼儿的手。最好是和幼儿玩需要双手协调活动的游戏，比如，串珠子、搭积木、玩拼图、吹肥皂泡泡、投球入盆、敲打锅铲出声、开动惯性小汽车等。幼儿的手被丰富而有趣的活动"占住"了，自然就没有自慰的欲望和时间。

每天为幼儿提供大量表达和释放焦虑情绪的机会，可以让幼儿画画、玩沙、玩水、玩黏土等。

给幼儿一些填充玩具，用来抱着或者敲打，软球或其他东西也可以满足其寻求安抚和刺激的需要。

减少幼儿独处的时间。幼儿独处时最容易发生自慰行为，让幼儿和同伴一起活动，多参加群体游戏，游戏中个体行为受到群体的约束，幼儿就不会去注意自己的生殖器，从而忘掉自慰行为。

4. 自慰是幼儿的一种隐私

教师和家长发现幼儿有自慰行为,请不要将之公布于众,要替孩子保守秘密,以免增加孩子的心理负担,导致更为严重的心理行为问题。

要让幼儿知道自慰行为是一种非常隐私的行为。教师可以私下对幼儿说:"我知道这样做有一种特殊的感觉,但是别人看到你触碰生殖器会感到难堪。你可以在家里这样做,但是在幼儿园里不可以这样做。我们一起想想你可以做点其他的什么事情。"教师不要否定幼儿自慰过程中那种特殊的感觉,因为如果你所说的和幼儿所感受到的不一致的话,那么你可能会向该幼儿传递一种消极的信息。这对幼儿的健康成长是不利的。

七、捣乱行为

(一)幼儿捣乱行为的表现

幼儿的捣乱行为是指幼儿存心给老师和同伴找麻烦,扰乱老师和同伴的学习和生活的行为。幼儿的捣乱行为主要包括如下九种:

- ◆ 粗鲁行为。具体表现为离开座位、站起来、走动、跑动、跳绳、摇动椅子等。
- ◆ 跪。具体表现为跪在椅子上、坐在脚上、横躺在课桌上等。
- ◆ 侵犯别人。具体表现为通过投掷、推、撞、拧、拍、戳及用东西打同伴。
- ◆ 扰乱别人。具体表现为抢夺同伴的东西、破坏同伴的所有物等。
- ◆ 说话。具体表现为在需要安静时和同伴讲话、喊叫、唱歌等。
- ◆ 叫嚷。具体表现为哭闹、尖叫、咳嗽、吹口哨等。
- ◆ 噪声。具体表现为发出咯咯声、撕纸、鼓掌、敲击书桌等。
- ◆ 转方向。具体表现为把头和身子转向同伴、向同伴展示某种东西等。
- ◆ 做其他事情。具体表现为在教师组织教学活动时玩弄其他与教学无关的东西等。

(二) 幼儿捣乱行为的原因

幼儿产生捣乱行为的原因主要包括如下五种：

1. 幼儿寻求关注

所有的幼儿在成长过程中都渴望被关注，特别是渴望得到重要他人的关注，比如他们喜欢的老师的关注。当他们通过常规途径未获得关注时，就会采取不合常规的捣乱行为来引起老师、同伴、父母的注意。比如，有一天，中班来了许多参观的客人老师，像往常一样，张老师亲切热情地开始组织音乐活动，让人没有想到的是：有些幼儿特别"不争气"，有的故意弄倒小椅子，有的故意推搡他人，有的故意争抢座位，弄得张老师哭笑不得。我们把这种现象称作"人来疯"。幼儿希望引起客人老师的注意，如果带班的老师态度亲切、管理宽松、不善于在环境变化的情况下及时提醒幼儿，幼儿就特别容易产生这种"人来疯"现象。

幼儿发现，通过符合常规的方法不容易得到老师的关注，而捣乱行为反而能轻而易举地得到老师和小伙伴们的关注，这会进一步强化他们的捣乱行为，使其捣乱行为发生的频率提高。

2. 幼儿的嫉妒心理

有时幼儿喜欢捣乱是因为其嫉妒心理作祟。比如，小朋友们和老师都不喜欢孙毅，因为他老爱捣乱，影响小朋友们游戏，破坏小朋友们的作品。孙毅并不用武力殴打或欺负小朋友，仅仅是捣乱。请看他和其他小朋友的对话：

孙毅："这么难看的小房子啊，推倒它！"

刘洋："不，它是我好不容易搭起来的。"

孙毅："这算得了什么，快推倒它！"

刘洋："不行！"

孙毅："哎呀！地震啦！"

结果，刘洋小朋友好不容易用积木搭起来的小房子被孙毅以"地震"的方式震倒了……

后来，老师问孙毅："你为什么要破坏洋洋的房子？"他很干脆地回答说："我的手工很糟，总是做不好。可是刘洋的手很巧，她总是扬扬自得，我看了很生气。我怎么做也不行，所以做到一半就把它拆了。我自己做不成，也不能让她做成！"

3. 幼儿的交往需要未得到满足

游戏活动时，管小群很想和小朋友们一起玩，但由于他在班里的种种"恶行"，没有一个游戏小组欢迎他，他很气愤，所以就不断地骚扰别人。他的理由就是："他们不让我和他们一起玩，我也让他们玩不成！"

4. 幼儿的自我表现需要未得到满足

在集体教学活动中，老师提问了几次，洪小伟都知道答案，并且每次都举手了，可是，老师就是没有点名让他来回答问题。连续三次未得到回答机会后，洪小伟开始在底下逗弄邻座的小朋友。老师看到后，很生气地将洪小伟调到平时纪律比较好的冯晓丽和吕嘉佳之间的座位上，没想到洪小伟坚决不从。最后他还是在老师的强力拉扯下坐到了冯晓丽和吕嘉佳之间。不过，让老师没有想到的是，洪小伟刚刚坐到座位上就很不服气地跟老师说："我还要搞冯晓丽和吕嘉佳的！"

在老师的感觉里，整个过程都是洪小伟的错，而事实上洪小伟的问题行为都是教师忽视了他的自我表现需要导致的。

5. 幼儿对教师的"逆反"心理

有时，幼儿的捣乱行为是由于幼儿对教师的逆反心理造成的。请看案例4-33：

案例 4-33

爱捣乱的周昆

户外活动结束了，全班幼儿正在排队，周昆却忙得不亦乐乎，不是伸出脚绊一下其他小朋友，就是故意推一下别人，并为自己造成的后果感到得意扬扬。老师批评他时，他满不在乎，一脸的"看你能把我怎么样"的表情。

其实，周昆喜欢捣乱的原因是他想用捣乱来表达对老师以往批评指责的反抗。他平时活动量大，做事毛手毛脚，自制力差，挨老师的批评对他来说是家常便饭，再加上以往老师在教育方法上过于简单，刺伤了他的自尊心，于是，他就故意捣乱，和老师作对："你说我调皮，我就调皮给你看，看你能把我怎么样。"

（三）幼儿的捣乱行为与教育

幼儿的捣乱行为会直接影响教育教学活动的正常进行，会给教师和其他幼儿带来麻烦，进而影响教师和同伴的情绪。

1. 适当关照每个幼儿的心理需要

幼儿的捣乱行为大多数与其心理需要未得到适当关照有关。因此，当幼儿在教育活动中出现捣乱行为时，与其花大量的时间和精力去矫正幼儿的捣乱行为，不如努力改变自己的教育活动方式，甚至改变教育活动的内容，让幼儿的各种需要在教育活动中都得到适当的关照，让每个幼儿都能从各种教育活动中获得满足感和成就感，让他们发自内心地喜欢上各种教育活动，这样其捣乱行为就会减少甚至消失。

案例 4-34

一次表扬改变了乔志勇

乔志勇在幼儿园里经常闹翻天。集体教学活动时，他经常在教室里走来走去；建构游戏活动时，他经常搞破坏，让其他小朋友很不高兴；室外活动排队时，他经常推搡其他小朋友。田老师批评他，他总是笑嘻嘻的，一副满不在乎的样子。有一次田老师忙不过来，请他协助准备手工活动要用的材料，乔志勇干得很卖力。田老师特意在班上感谢并表扬了他，乔志勇可高兴了。

后来乔志勇变乖了，不再闹事了。

许多时候，幼儿捣乱的根本原因就是其心理需要没有得到很好的关照，甚至是根本没有得到过关照，他们在内心深处极度渴望得到老师的表扬、得到老师的关爱。田老师的一次任务分配，一次谢意和表扬的表达，让乔志勇这匹难以驯服的"马"乖乖听话，可见幼儿的要求并不高，只要老师多关注一点，多分一点爱给他，他就心满意足了。

因此，在设计和实施各项教育活动时，我们不仅要考虑如何将知识和技能传授给幼儿，更要考虑如何以满足幼儿需要的方式来设计和实施各项教育活动，让每个幼儿的心理需要在各项教育活动中都得到适当的关照，这样，幼儿就会专注于教育活动而不会去捣乱。

2. 努力发现、肯定爱捣乱幼儿的闪光点

如果教师总是看到爱捣乱幼儿的缺点，总是对他们说"你这也不行，那也不行"，这些幼儿会真的觉得自己"什么都不行"、"是个令人讨厌的坏孩子"，甚至有许多孩子会由此而与教师对立，并且会越来越爱捣乱。幼儿教师可列出本班最爱捣乱的 5 个幼儿的名字，分别在纸上列出他们各自的 5 项优点，并熟记于心，与幼儿接触时经常地对这些幼儿说说你对他们的积极看法，相信不到一个月，你对这些幼儿的看法就会改变，这些幼儿对自己的看法也

会更加积极，他们的捣乱行为就会减少甚至消失。

3. 让幼儿每时每刻都有目标和任务

在各种教育活动中，如果每时每刻都能让幼儿有具体的目标和任务，让他们有事可做、有目标可追求，并且这些目标和任务是符合他们内在需要的，那么，他们就会专注于自己的活动，而不会"独辟蹊径"去胡闹、"瞎跑"了。

4. 适当的忽视

案例 4-35

晓晖的无奈

在幼儿园建构区里，晓晖刚玩了一会儿，就开始寻找"机会"捣乱。他先是拉拉边上小悦的辫子，小悦不理他，他一转身就跑开了。接着，晓晖又将边上晓勇的操作材料扔到地上，晓勇狠狠地瞪了他一眼，捡起操作材料，到其他组去了。……没有人理他，晓晖只好自己去玩了。

晓晖捣乱的根本目的就是寻求别人对他的关注，然而，没有人理他，最后他只好乖乖地自己去玩了。

有时，幼儿捣乱是因为他们在生活中、在活动中找不到"感觉"，因此寻求机会引起别人的关注，这时适当的冷落和忽视反而比批评、指责更能有效地让幼儿的捣乱行为消失。

另外，幼儿教师还应该注意，平时在幼儿没有捣乱时应该给予其公平的适当的关注，不要等到幼儿捣乱了才给予关注，否则，就是对捣乱行为的正强化。

幼儿的爱捣乱行为不是一天两天形成的，当然也不会在短时间内消失，有时情况有了好转，过一阵子又出现反复，一时松懈就可能前功尽弃。因此，对待有爱捣乱倾向的孩子，教师要有足够的耐心等待，积极引导。

八、爱哭泣

爱哭泣是指幼儿不是由于疼痛、愤怒、受挫折、悲伤或其他不良情绪才出现的哭泣行为。哭泣是幼儿与人交往的一种方式,许多时候哭泣被幼儿当作手段——一种达到其目的的手段。幼儿的这种哭泣表现出如下行为特点:

◆ 当问题得到解决后(如得到了想要的玩具),他就会停止哭泣。

◆ 当有教师关注和安慰他时,他就会停止哭泣。

◆ 当教师讲道理时,他就会做出回应。

◆ 教师抱他一会儿后,他就会停止哭泣。

(一)幼儿爱哭泣的原因

幼儿爱哭泣的原因主要有如下四种:

1. 缺乏安全感

幼儿初入园,没有安全感,因而比较爱哭泣。

2. 感受不到老师的爱

有些幼儿入园半年后还是很爱哭泣,原因在于他们一直感受不到老师的爱,就以哭泣来求得老师的关爱。

3. 感到无助

幼儿在园学习和生活,碰到困难时,感到既不适应又很无助,也会因此爱哭泣。

4. 为了达到某种目的

有时候,幼儿爱哭泣是想以哭泣来达到某种目的。请看案例4-36:

案例 4-36

爱哭的凡凡

早晨的安排是拍球活动,幼儿都拿了大皮球到体育室去玩。凡凡来晚了,篮子里只剩下一只旧一些的皮球,凡凡"哇——"的一声就哭了出来,嗓门大得惊人。吴老师安慰说:"旧的皮球还好拍呢,看老师拍给你看!"说着,吴老师连着拍了好几下。凡凡不理不睬,继续哇哇大哭。配班的杨老师也跑过来:"凡凡,现在只剩这一个球了。有时间我们再去买新的。今天来不及了,先练着吧。"凡凡边哭边嚷:"我不要旧的,就要新的,就要新的!"

吴老师带领小朋友比赛拍球,杨老师拉拉凡凡的手:"走,我们也比赛拍球去!"凡凡却猛地一甩杨老师的手:"我才不去,我就要新的!"他扯着嗓门继续哭。

吴老师决定用冷处理。凡凡就这样一直哭到活动结束,其间,吴老师帮他擦了三次眼泪,杨老师喂了他两次开水。放学时,吴老师将凡凡的表现告诉了凡凡的爸爸,没想到凡凡的爸爸大倒苦水:在家里,凡凡要买玩具或提出其他要求,家人不同意,凡凡就会一直哭,哭到家人心软并同意为止。"我们也很烦恼,怕他哭伤身体,只好同意他的要求,唉!"凡凡的爸爸长长地叹了口气。

凡凡为达到目的而哭泣的意志力很强。他之所以如此,从内因来说,是为了达到目的;从外因来说,是家长宠坏了他。

(二)幼儿的爱哭泣行为与教育

根据幼儿爱哭泣的原因及其身心特点,我们可以通过如下措施对幼儿进行有针对性的教育。

1. 给幼儿创设富有安全感的环境

（因其他章节有较详细的阐述，这里不再赘述。）

2. 明白地向每个幼儿表示教育者对他的关爱

（因其他章节有较详细的阐述，这里不再赘述。）

3. 培养幼儿的生活自理能力，提高他们的适应能力

当幼儿的生活自理能力提高后，他们就可以独立地、从容地应对各种学习和生活中碰到的问题，就不会无助地哭泣了。

4. 忽视

发现幼儿哭泣只是为了获得关注时，可以用忽视来改变幼儿的哭泣行为。如果幼儿的哭泣行为得到教师的关注，它就会得到强化，进而引发更高频率的哭泣；反之，如果幼儿的哭泣行为没有得到关注，它就会自行消失。在实践中，教育者可按以下步骤进行：

- ◆ 迅速检查幼儿，确定其没有受到伤害。
- ◆ 如果认定幼儿哭泣是有正当理由的，就安慰他，告诉他："你好好说话，我才能理解你，我也很愿意帮助你。"要支持其感受，同时引导其行为。
- ◆ 如果认定幼儿哭泣是为了得到关注，就告诉他："请你使用正常的声音，这样我才能理解你！""你这样哭，我不知道你为什么哭。"如果他继续哭泣，你就走开。不要看他，也不要用你的表情或姿势来告诉他你在关注他。只要他还在哭泣，就继续予以忽视。
- ◆ 如果幼儿还大哭不止，就告诉他："你可以哭，但要到不打扰别人的地方去哭。"要帮助幼儿找到一个安全的地方，保证他能看到教育者，但是远离其他孩子，同时，告诉他："当你准备好说出自己为什么哭的时候，你就回来，因为老师很想帮助你。你现在这样哭，老师没有办法了解你需要什么样的帮助。"
- ◆ 当幼儿停止哭泣时，马上到他身边给他充分的关注。你可以说："现在我们看看你能参加哪个活动。"然后引导他加入到某个活动中去，

并陪他玩一会儿。也可以问他:"你想跟老师说些什么?你需要老师提供哪些帮助?"

特别提醒:

◆ 当你采取忽视策略时,最初幼儿哭泣的时间会更长、声音会更大。这种情况是正常的,因为他在试图以哭泣引起你的关注。因此,你要坚持住——如果你没有坚持住,将会让幼儿更加坚信哭泣的作用,在哭泣的过程中显得更加"坚强"。

◆ 幼儿不哭时,要及时给予关注,这样可让幼儿知道你期望和欣赏的是什么样的行为表现。

案例 4-37

忽 视

小瑞和小兰是幼儿园里的 4 岁孩子。园里的老师非常关心他们,因为他们两人虽然长得高高大大的,但每天早上在园里总是又哭又闹。小朋友们叫他们"爱哭鬼"。老师千方百计地哄他们、安抚他们,可都没有用。

怎么办?

后来有一次,当他们哭闹的时候,老师尝试着不去和他们接触,当他们不哭闹的时候,老师就关注并赞赏他们。就这样,仅仅过了几天,小瑞和小兰就再也不哭了。

小瑞和小兰的哭闹行为,由于小朋友们的注意、老师的安抚,不但无法改善,反而得到强化。后来老师改变做法——当他们俩不哭闹时,有合乎期望的行为表现时,才适时给予关注和赞赏,最终改善了他们俩的爱哭行为。

参 考 文 献

[1] 莫源秋,韦凌云,刘揖建. 幼儿常规教育指导手册[M]. 北京:中国轻工业出版社,2013:123-185.

[2] 马海燕,代旭东. 行为与健康:儿童不良行为早期发现与矫正[M]. 北京:金盾出版社,2013:38.

[3] 王萍. 学前儿童问题行为及矫正[M]. 北京:清华大学出版社,2013:7-13.

[4] 晏红. 幼儿教师与家长沟通之道[M]. 北京:中国轻工业出版社,2012:54.

[5] 冯夏婷. 幼儿问题行为的识别与应对:家长篇[M]. 北京:中国轻工业出版社,2012:112-118.

[6] Saifer S. 幼儿教师工作高效应对策略[M]. 曹宇,译. 北京:中国轻工业出版社,2012:179-181,184-186,210-212.

[7] Essa E. 幼儿问题行为的识别与应对:教师篇[M]. 王玲艳,张凤,刘昊,译. 北京:中国轻工业出版社,2011:176-181,200-203,210-215.

[8] 赵彗修. 孩子的心理学[M]. 李英兰,译. 北京:北京科学技术出版社,2010:32-39,60-72,120-125,130-135.

[9] 莫源秋. 幼儿园心理卫生保健工作指导[M]. 南宁:广西人民出版社,2005:163-180,188-210.

[10] 刘立霞. 叠被子[M]//吴晓燕. 走进童心世界:幼儿教师优秀笔记集粹. 北京:北京师范大学出版社,2000:114.

[11] 高月梅,张泓. 幼儿心理学[M]. 杭州:浙江教育出版社,1993:340-363.

[12] 仲美芳. 案例分析幼儿哭闹的原因及对策[J]. 教育导刊:幼儿教育,

2014（6）：67-68.

[13] 朱芝莲. 彰显幼儿个性与班级常规管理之探讨 [J]. 早期教育：教科研，2012（5）：36-40.

[14] 魏婷. 童眼看"规则"：对幼儿园常规教育的反思 [J]. 幼儿教育，2011（12）：32-33.

[15] 何梅玲. 幼儿园常见的幼儿性问题及处理方式 [J]. 福建论坛：社科教育版，2011（9）：79-81.

[16] 尤登星. 解析孩子的嫉妒心理 [J]. 教育导刊：幼儿教育，2011（7）：82-84.

[17] 莫源秋. 幼儿园需要建设什么样的精神文化 [J]. 教育导刊：幼儿教育，2011（6）：54-56.

[18] 张艳婷. 孩子任性的原因分析与教育策略 [J]. 教育导刊：幼儿教育，2011（4）：90-92.

[19] 朱晓燕. 对待孩子任性的策略 [J]. 教育导刊：幼儿教育，2011（4）：58.

[20] 张冬梅. 儿童恶作剧行为的成因与对策 [J]. 教育导刊：幼儿教育，2010（2）：36-39.

[21] 陈季梅. 幼儿任性行为的纠正策略 [J]. 教育导刊：幼儿教育，2011（1）：80-81.

[22] 华伟. 正确对待孩子的嫉妒心理 [J]. 教育导刊：幼儿教育，2010（11）：78.

[23] 宋伟仙. 幼儿睡觉恋物习惯及教师纠正策略 [J]. 教育导刊：幼儿教育，2009（11）：51-52.

[24] 刘晓晗，苏旭东，彭铁鹏. 儿童恐惧心理分析及调节策略 [J]. 教育导刊：幼儿教育，2009（5）：30-32.

[25] 郑三元. 规则的意义与儿童规则教育新思维 [J]. 湖南师范大学教育科学学报，2009（9）：45-47.

[26] 刘旭刚,徐杏元,林岚.孩子口吃父母怎么办[J].教育导刊:幼儿教育,2008(4):48-49.

[27] 李晖,赵巧琴.幼儿违规行为的形成原因及教育对策分析[J].幼儿教育:教育科学,2008(1):10-13.

[28] 叶彩娟.调皮儿童的行为研究与对策[J].文教资料,2005(34):159-161.

[29] 洪浩.幼儿口吃的预防与矫正[J].教育导刊:幼儿教育,2005(12):46-47.

[30] 王庆文.幼儿规则意识的引导策略[J].早期教育,2003(10):12-13.

[31] 甘诺.儿童恐惧与恐惧症的病因及治疗[J].中国特殊教育,2002(1):65-69.

[32] 莫源秋.从心理需要的角度透视幼儿的心理行为问题[J].上海托幼,2000(5):6-7.

[33] 陈榕.儿童口吃研究进展[J].中国校医,1997(4):313-314.

[34] 晓云.我矫正了冰冰的口吃[J].1985(10):27.

[35] 关永春.解读学前儿童的生活与生活质量:幼儿园现实生活与教育的体验研究[D].长春:东北师范大学:2003.

[36] 高志娟.3—6岁幼儿违规行为研究[D].南京:南京师范大学,2011:46-53.

[37] 魏洪鑫.幼儿园一日活动中幼儿违反规则的体验与反思:教育现象学的视角[D].济南:山东师范大学,2011:24.

[38] 傅芳芳.幼儿园班级常规教育研究:以上海市某一郊区幼儿园为例[D].上海:上海师范大学,2011:33.

[39] 鲍欣钦.幼儿园小班班级规范事件研究[D].南京:南京师范大学,2005:43-43.

[40] 姜锐.教师应对幼儿违纪行为的现状分析及策略研究[D].南昌:江西师范大学,2005:39-50.

第五章　社会性方面的心理行为问题与教育

幼儿社会性方面的心理行为问题主要是指幼儿在社会性发展方面表现出来的心理行为问题。本章主要介绍其中幼儿最常见的攻击性行为、"偷窃"、社会退缩、说谎、说脏话、不爱分享等心理行为问题的表现、原因与教育。

一、攻击性行为

（一）幼儿攻击性行为的表现

攻击性行为是指旨在导致他人身体上或心理上的痛苦的有意伤害行为。这种有意伤害行为包括身体伤害（指攻击者利用身体动作直接对受攻击者一方实施攻击，如打人、踢人、推搡等）、语言伤害（指通过口头语言对受攻击者实施的行为，如骂人、嘲笑、讽刺等）、财物攻击（指争夺、霸占他人的物品或空间，如抢玩具、抢座位等）和关系攻击（指通过他人对受攻击者实施的行为，如动员小伙伴孤立某幼儿、造谣离间某些幼儿等）。攻击性行为的基本特点是有意伤害他人。有伤害他人的意图但未造成后果的行为仍然属于攻击性行为，但幼儿在一起玩耍时非故意的推拉动作则不是攻击性行为。

从攻击性行为的意向性来分，攻击性行为可以分为目的性攻击行为（源于愤怒的情绪，目的是给他人造成痛苦或伤害，并以此为乐）和手段性攻击行为（存在伤害他人的动机，但伤害是为了达到其他目的而不是给他人造成痛苦）。从攻击的主动性来划分，可以把攻击性行为分为主动性攻击行为（在别人没有招惹自己的前提下攻击别人的行为）和被动性攻击行为（在自己受到别人攻击的前提下奋起还击的攻击性行为）。从攻击性行为发生的频率来分，可以把攻击性行为分为习惯性攻击行为（个别幼儿由于多次发生攻击性行为而又没有被有效地控制，因而攻击性行为频发，攻击性行为成为其习惯）和偶发性攻击行为（只是偶然发生的一两次攻击性行为。大多数幼儿的攻击性行为属于这一类）。

从心理问题的严重程度来看，目的性攻击行为、主动性攻击行为、习惯性攻击行为比手段性攻击行为、被动性攻击行为、偶发性攻击行为更为严重，更需要教育者关注。

幼儿的攻击性行为会对他人或集体造成危害，对攻击者本人的身心健康发展也是极为有害的。大量研究表明，有攻击性行为的幼儿，其同伴关系一般较差，大多数小伙伴会对其避而远之。一些受欺负的幼儿会产生心理恐惧，甚至不愿意上幼儿园。而且，由于攻击性幼儿惹是生非，影响幼儿园班级的正常生活和教学秩序，使得教师需要花很多时间来解决因此产生的矛盾，给幼儿园的家长工作也带来了很多麻烦和难题。

尤其严重的是，如果得不到及时矫正，个体幼儿期的攻击性行为还会延续至青年和成年，会导致其社会适应困难、人际关系紧张，进而产生抑郁、反社会行为，甚至走上违法犯罪的道路。研究表现，幼年时期攻击性强的孩子到成年后多数也具有攻击性，青少年暴力犯罪的行为大多数可追溯到幼年时期的攻击性行为。因此，幼儿教师和家长应深入研究幼儿攻击性行为的成因，积极采取应对之策，对幼儿攻击性行为进行及时有效的控制与矫正，尽快让他们的发展走上健康的轨道。

（二）幼儿攻击性行为产生的原因

研究表明，幼儿产生攻击性行为有十大原因。

1. 被攻击者的一味忍让

有些幼儿在班里之所以攻击成性，根本原因在于受攻击的幼儿一味地退缩忍让，让攻击者经常从攻击中获得"好处"——只要攻击者摆出攻击的架势，其他幼儿就乖乖地将玩具和好机会让给他。被攻击者的退缩忍让是对攻击成性的幼儿的攻击性行为的一种正强化。

在实践中，教师往往对不予还击的幼儿大为赞赏，总是鼓励幼儿"忍让"他人的攻击，而不去引导幼儿正确应对他人的攻击。我们常常听到教师这样做调解："就算××打了你，你也不能打他。你可以告诉老师呀！"此方法不但不能教会幼儿真正解决问题的有效方法，而且会让幼儿变得更加懦弱，更加不敢还击，从而导致具有攻击性的幼儿在班里更加放肆。从这个意义上讲，某些幼儿攻击成性也是教师为其营造了适宜的心理环境所致。

案例 5-1

他们又打我了

屈小超向卓老师诉苦道："老师，他们又打我了！"

当屈小超这样诉苦时，在下列答案中，你马上想到的是什么？

①屈小超的欲望和需求：需要教师的帮助和保护。

②屈小超的情感：焦虑、愤怒、不满和失望。（上次他们就打我了，老师为什么不管呢？）

③屈小超的思想：打人不好，打人者应受惩罚。（最简单的公平、正义的思想）

④屈小超的心理疾病：孤独、恐惧，是肉体和精神上的弱者。

⑤屈小超的个性：懦弱、温和、不合群、依赖心强。

⑥屈小超与小伙伴的关系：紧张、对立。

大家更多地想到的可能是答案"⑤"，一个孩子经常被别人打，说明他存在被别人打的理由——过于懦弱,让打人者经常从他这里以"打"来得到"好处"。

因此,要解决"他们又打我了"的问题,不能仅仅批评教育打人者,更要教育被打者,让他坚强、勇敢起来,并学会有效地应对别人的攻击。

2. 不良的社会影响

社会学习理论认为,幼儿的攻击性行为是其观察和模仿的结果。社会环境中的暴力攻击的因素为幼儿习得攻击性行为提供了观察学习的榜样。

(1) 家庭冲突和暴力

如果家庭充满暴力攻击,那么,家庭就为幼儿提供了一系列不良的人际交往模式,幼儿通过观察父母的行为及其后果,获得了有关人际交往的知识和不恰当的攻击性冲突解决策略——攻击性行为是一种解决矛盾的可行办法。

有些父母常常采用体罚、打骂的方法对待孩子的调皮和不听话,实际上,这样做会在无形之中为孩子提供攻击性行为的模仿原型,容易诱发幼儿的攻击性行为,因为这会给幼儿一定的心理暗示:"当别人让你不满意、不舒服的时候,你可以这样对待他。"

(2) 同伴间的攻击言行

幼儿之间很容易产生行为上的相互模仿,幼儿许多不正确的观念和行为是通过认同、模仿已具有这些特点的小伙伴形成的,而且,这种模仿因两者之间的恶性循环而逐渐升级。一个不愿攻击他人的幼儿在一个相互攻击的群体中,很快也会以攻击对付其他幼儿。现实中,我们就发现有些幼儿的咬人、打人行为是在入园后才学会的。

(3) 暴力性大众传媒和游戏

影视是社会强加给幼儿的一种媒介,影视、网游中某些人物的暴力言行很容易被幼儿在现实生活中无区别地加以模仿。如,动画片《奥特曼》中奥特曼打怪兽,以暴制暴、无所不能,成为幼儿崇拜的英雄。现实中,我们常看见幼儿学习和模仿奥特曼的言行举止,嘴里说着:"我是奥特曼!"手上、脚上做着奥特曼的许多经典动作，将自己看作奥特曼的化身，到处打打杀杀，攻击性特别强。又如，某幼儿喜欢看电视剧《西游记》，看了以后常常说自己是孙悟空，到幼儿园后见到其他小朋友冲上去就打，把小伙伴的鼻子打出血来，还振振有词："你是妖怪，老孙来也！"

3. 不当的家庭教育误导幼儿

许多幼儿的攻击性行为是由家庭的错误导向造成的。有一项调查发现，大部分家长知道自己的孩子被人打了都会很生气，其中72%的家长会教育自己的孩子说："别人不打你，你不要去打别人；别人如果打你，你就要狠狠地打回去！"在一次见习时我看到小波在户外活动时追逐小叶，追上后狠狠地打了小叶几下，这令我大吃一惊，我急忙赶过去制止并问小波："小波，老师不是讲小朋友要团结友爱吗，你怎么这么狠地打小叶？"小波理直气壮地说："他差点碰倒我。我奶奶说，谁要招你，你就狠狠地打他！"小波牢牢地记住了奶奶的话，却完全忘记了老师的教育。

4. 溺爱与纵容

幼儿的攻击性行为得到奖励或"默许"时，他便从攻击性行为中得到了"奖励"，以后会不断重复它。例如，幼儿在与别人争抢玩具时，采取攻击或推倒对方等行为获得了玩具，教师或家长不加理睬，幼儿以后就会更多地采取类似的攻击性行为。在外打架的孩子，如果家长不仅不批评，相反还夸奖孩子"真是好样的"，"在外面就是要厉害点儿，免得受人欺负"。孩子受到这类夸奖，就会更加喜欢攻击。相反，如果教师、家长对孩子的攻击性行为进行干预，如没收抢到的玩具、批评、惩罚，使有攻击性行为的幼儿不是从中获得"奖励"而是获得批评、惩罚，那么他以后就会很少采用攻击性行为，以避免批评和惩罚。

5. 不合理的活动空间密度及活动材料的配置

研究表明，处在一个嘈杂、拥挤的活动空间里，幼儿容易产生攻击性行为。人均空间密度在2.3平方米以上时，空间密度对幼儿的社会行为不发生影响；当人均空间密度下降到每个幼儿 1.5 平方米时，幼儿的攻击性行为明显增加，而合作性行为明显减少。另外，幼儿对活动材料和玩具表现出极强的占有欲，在集体活动中，如果活动材料和玩具数量较少或者玩具种类搭配不合理，极易导致争抢玩具的行为发生，进而引发幼儿之间的矛盾冲突。

6. 认知错误

有时，幼儿喜欢攻击别人，可能是因为他存在错误的观点。请看案例 5-2：

案例 5-2

攻击与说"对不起"

某天下午，雷强打了小旭两拳，然后马上对小旭说："对不起！"接下来，他转身又攻击俊杰、海东、小寒……然后，再一一地对这些小朋友说"对不起"……

闫老师发现雷强的攻击性行为后，立即对他进行了干预，可是没想到的是，雷强却理直气壮地说："我已经对他们说'对不起'了！"

雷强理直气壮地对小朋友进行攻击，那是因为他存在一种错误的观念，即只要事后说"对不起"就可以攻击别人了。

案例 5-3

同伴不听话

一天早餐后，俊文哭着向周老师报告说陈天明打他。

周老师把陈天明叫过来，问他："天明，你为什么打俊文？"陈天明不慌不忙地回答说："俊文刚吃完早餐就跳绳。老师说过，这样会影响身体的。我叫他别跳了，他偏不听，所以我就打他了。"……

在陈天明的观念里，不守常规、不听劝告就该挨打。

7. 遭受挫折

这是精神分析论的观点。这一学说认为："攻击性行为的发生总是以挫折的存在为先决条件；反之，挫折的存在也总是导致某种形式的攻击性行为。"比如，经常被班里的老师和同伴忽视的某个幼儿，为了引起老师和同伴的关注，可能会突然爆发出极强的攻击性行为——这是幼儿被关注的心理追求受挫的结果。又如，一个体质较弱的男孩为了显示自己的能耐，也可能会突然爆发出攻击性行为，如愚弄和欺凌比他更弱小的同伴或动物——这是幼儿追求自我价值感遭受挫折后的一种反应。

案例 5-4

喜欢咬的樊军

樊军喜欢咬小伙伴，喜欢破坏，喜欢打人。

樊军感到孤独时，就会在离自己最近的小朋友身上随便咬一下。因为这样肯定会引起老师对他的关注——至少可以有5分钟和老师在走廊里独处。

樊军咬人，原因就是他的被关注需要受挫。

有时候，幼儿为了让大人关注自己会不顾一切，哪怕大人批评打骂他，他也不在乎，因为在他们的逻辑里，批评打骂总比一点儿也不在意好。在每次咬人事件发生后，老师都会很在意樊军，还会把他带到走廊上独处一阵。其实，老师这么做适得其反——她屡次想要禁止的行为却变本加厉。

后来老师采用了新的解决办法：在樊军自己采取行动之前就主动给他更多的关注。同时，他再咬别人，就由教师助理而不是由主班老师把他带到安静的地方，并且只用清晰、简洁的语言告诉他："你可以咬饼干、咬胡萝卜，但是不能咬人。我绝不允许你咬人。"最后，樊军真的改掉了以咬人来引起老师关注的坏习惯。

8. 不良社会标签的作用

标签是社会（他人或社会组织）给有关人员加上的身份证明，是社会对一个人的性质的界定。比如"这个人是坏人"、"这个人是小偷"、"这个人不诚实"等，这里的"坏人"、"小偷"、"不诚实"就是社会给这个人贴的"标签"。社会标签理论认为，这些标签不一定能从客观上反映这个人是什么样的（因为有些标签是社会错误地强加给某人的），但它能在一定程度上决定这个人将会"变成"什么。因为标签改变了别人对被贴标签者的认识，也改变了被贴标签者本人对自己的认识，进而影响到他的发展，并使之最终成为标签所标定的身份。在这个变化过程中，别人对他的反应及他对别人的反应的理解起着决定性的作用。比如，每个人在年幼或年轻的时候都曾做过越轨的事，犯过一些错误，但最初这类行为都是暂时的——或是出于一时的冲动，或是由于一时好奇，可是有些人的此类行为后来变成了习惯性行为，其主要原因在于这些人在做越轨的事时，被人察觉并被公之于众，他们也由此被人们贴上"越轨者"这一标签。此后，其他人就开始根据这一标签来对其做出相应的反应，结果，这个人在社会的强化下也就有意或无意地接受了这一标签，从而产生了一个新的自我概念——我是越轨者，我是异类人，并且做出相应的举动，最终使标签成为"自动实现的预言"。

同理，当幼儿偶尔表现出一些攻击性行为时，教师给这些幼儿的消极评价，如给某个幼儿贴上"攻击性强"的标签——老师在公开场合训斥说"你为什么总是打人？""你为什么总爱打人？""你真是个富有攻击性的孩子！"，这样，很容易使其他幼儿对该幼儿产生"他爱打人"、"他是个坏孩子"的偏见，处处小心提防着他，不愿与他交往，久而久之，幼儿也觉得自己富有攻击性。与其他幼儿发生冲突时，受到批评的总是他——因为在别人的眼里他就是个爱攻击的孩子——这样，容易使该幼儿产生"反正我不去攻击别人，别人也认为我有攻击性，还不如我真的去攻击别人呢！"的想法，这就让该幼儿在攻击性的道路上越走越远。

9. 社会交往技能的缺乏

由于现在的孩子大都是独生子女，他们缺乏足够的与人交往的经验，不知道如何与同伴交往，面对与同伴的矛盾或冲突，他们也没有有效的解决办法，只会通过简单粗暴的攻击性行为来解决，这也增加了他们攻击性行为发生的概率。

案例 5-5

打人"有理"

美工活动区有人吵起来了。

"豆豆，你怎么能打人呢？"

"豆豆，你为什么打莉莉？"

"她，她，她不让我用红色！"不善于表达的豆豆吞吞吐吐地说。

"莉莉！彩笔应该是大家一起用的！你为什么不让豆豆用红色？"

莉莉小声地说："她要从我手里抢，可是我还没有用完！"

"豆豆，莉莉没有用完，你就等一下嘛！"

"抢别人的东西还打人，你不乖！"

"对！你不乖！我们不喜欢你！"

豆豆哭了，抱着头趴在桌子上。

看到这里，郭老师走过去对豆豆说："你想用彩笔的时候，和莉莉商量了吗？"豆豆边哭边说："没有。""莉莉没有用完彩笔，你们可以商量一下，或者等莉莉用完你再用。你打莉莉是不对的。"看到豆豆不说话了，郭老师拉着她的手，对她说："你问一下，莉莉要不要原谅你呢！"豆豆抬头看看旁边的莉莉，小声地说："你能原谅我吗？"莉莉点头说："我原谅你！你下次还这样吗？"豆豆说："我不这样了！"一旁的乐乐说："你还没有说对不起呢！"于是豆豆说："对不起！"莉莉回应说："没关系！"

其实，豆豆并没有太大的恶意，她攻击莉莉只是因为她不善于与人沟通和协商罢了，相信有了此次经验，她以后会通过协商来达到自己的目的。

10. 营养物质失衡

有研究表明，幼儿的身心要得到健康发展，必须吸收适当数量的化学物质和矿物质，假如个体吸取的化学物质和矿物质不符合一定的比例，就会造成大脑功能受到损害，致使行为表现失调。研究者更加具体地提出，糖摄入过多与攻击性行为有关。

（三）幼儿的攻击性行为与教育

根据幼儿攻击性行为产生的原因及其身心特点，我们可以通过如下措施来对幼儿进行有针对性的教育。

1. 教会幼儿与人交往的技能

掌握交往技能有利于减少幼儿的攻击性行为，因此，幼儿园应该通过各种活动让幼儿掌握积极的交往技能和原则，如商量、合作、尊重、互惠、同理心、分享、宽容等；尽量避免消极的交往，如以牙还牙式地解决冲突、强行抢夺自己想要的玩具等。如有个4岁的小男孩，聪明好动，看见同伴在一起做游戏玩得很开心，就前去观看，看见自己喜欢的玩具就一把抢过来。问他为什么要抢别人的玩具，他很委屈："我不是抢玩具，我想和他们一起玩。"可见，他的主观意识是想参与交往，在行为上却不知如何交往。一个偶然的机会，同伴用小汽车与他交换恐龙，他高兴极了，因为他最喜欢小汽车，而且这个小小的交往带给他的不仅仅是快乐，还有交往技能的启示。从那以后，他不再去抢别人的玩具，学会了拿玩具去和同伴协商交换。

这里要强调的是，年龄小的幼儿攻击他人，许多时候是由他不太会说话所致，他和别人的交流就是靠肢体语言，而肢体语言往往容易导致同伴的误解，进而造成冲突。因此，当务之急是教他们学会用口头语言来正确地表达自己的愿望，而不是讲大道理。教师要经常利用各种机会让他们开口，让他们学着和小朋友说"请让我玩一下好吗？""请让开一下好吗？""请和我玩一会儿好吗？""请不要打扰我好吗？""我们一起……好吗？""我和你一起玩好吗？""我可以参加你的游戏吗？""你的游戏真有趣，我也参加好吗？"等等。当这些孩子能用正确的交流方式使自己的需要得到满足时，其攻击性行为就会大大减少。

案例 5-6

鲁帆抢走同伴的玩具后

区角活动开始了。老师发现鲁帆把上官小慧正在玩的遥控汽车抢走了。老师马上过去，耐心地问鲁帆："鲁帆，你把上官小慧的遥控汽车抢过来自己玩，这种做法对吗？"鲁帆理直气壮地回答："我也要遥控汽车。"老师见此情景，就耐心地和鲁帆讨论，先后提出了"如果有小朋友来抢你正在玩的遥控汽车，你高兴吗？""你现在抢了上官小慧的遥控汽车，上官小慧没有玩的了，你这样做对吗？"等问题。老师进一步说："你喜欢玩遥控汽车，这没有错，但应该让上官小慧玩一会儿后再向她借来玩。"老师引导鲁帆自己分析出抢别人的玩具是不对的，鲁帆最后把遥控汽车送回到上官小慧面前，并说："上官小慧，对不起，我不该抢你正在玩的遥控汽车。你玩一会儿后，也让我玩一下，好吗？"上官小慧答应了。老师微笑着说："鲁帆真能干！"

鲁帆学会了用商量的方式来达到自己的目的，放弃了"强夺"这种攻击性手段。

2. 教会幼儿正确应对同伴攻击的技巧

面对同伴的攻击，一味地忍让不仅不会让攻击者的攻击性行为减少，反而会助长攻击者在其他场合使用攻击性行为对待其他幼儿，同时，一味忍让本身就是性格懦弱的一种表现，也是需要教育者重视的一种心理行为问题；另外，一些幼儿遇到同伴的攻击，除了哭或被攻击之外束手无策，久而久之，在同伴心目中就会形成"他好欺侮"的印象，进而招致更多的攻击。

因此，为了减少攻击者的攻击性行为，也为了被攻击者自身心理的健康成长，教师应该教会幼儿一些应对同伴攻击性行为的技巧，如怒目圆睁、语言警告、向其他小朋友求助、向老师报告（不是恶意的告状，而是相当于成人之间以法律的形式处理纠纷，保护自己权益的一种方式）等，此外，还应该教会幼儿一些遭受攻击时的防身术——是防身术，而不是攻击术——让幼儿学会自卫，即"不要欺负别人，也不随便受他人欺负"。经常被攻击的幼儿学会有效自卫，不仅能减少攻击性强的幼儿的攻击性行为，同时，还有利于该幼儿走出懦弱，形成强大自我的健康人格。

案例 5-7

你赞同哪种应对方式

许银华正在骑木马，韩勇也想骑，于是他想上去把许银华拖下来，但许银华死死抓住木马就是不肯下来。韩勇十分生气地对着许银华就是一拳。

面对韩勇的攻击，你最反对许银华采取以下的哪种反应方式？

A. 以牙还牙，狠狠地回击一拳。

B. 一走了之。

C. 告诉老师。

D. 放声大哭。

我最反对的是"B"反应，因为这是懦弱的表现，采取"A"反应等于鼓励韩勇的攻击性行为。

当某幼儿因被同伴嘲笑而攻击同伴时，你可以这样跟他说："小朋友嘲笑你了，你觉得很难过才去打他的，是吗？其实这时你应该告诉他你生气了，这样小朋友才能明白你的心情。你也可以对他说'请你以后不要再嘲笑我了，因为这样我会很生气！'。"这样，当幼儿再受到嘲笑时，他的第一选择不是用肢体攻击对方，而是用语言向对方表达自己的愤怒。

3. 为幼儿提供独立解决冲突的机会

孩子们在一起玩耍、游戏时，难免会发生攻击性行为。有的教师一见到幼儿之间出现攻击性行为，便立即介入替幼儿处理矛盾，以平息"风波"，这样不利于幼儿解决同伴冲突能力的发展和提高。当幼儿之间发生攻击性行为时，教师应保持冷静，而不要急于介入，更不要代替幼儿解决矛盾。教师要为幼儿搭建自主解决矛盾的平台，为幼儿提供自己解决问题的机会。对于幼儿来说，真切体验带来的结果比抽象的说理更有助于其社交能力和解决冲突能力的提高；幼儿独立地解决冲突后，会获得极大的成功感和满足感，从中获得的相关经验既丰富又深刻，同时将这种经验成功迁移到其他交往活动的冲突情境中的概率也会大大增加。

案例 5-8

教师的旁观，幼儿的机会

小阳和小冰发现操场上有一辆小自行车。他们俩几乎同时来到车旁，都想先骑，谁也不让谁，由此发生了争执和冲突。

曹老师在一旁平静地观察……

不一会儿，小丽也来到小车边，见小阳和小冰争得不可开交，就建议采用"石头、剪刀、布"的游戏方法来决定谁先骑车，结果小阳先骑。他兜了一圈又一圈，把另外两个小伙伴撇下不管了。

小丽和小冰高声地叫小阳停下，小阳不理不睬。于是，小丽勇敢地挡住小车的去路，小冰也大胆地拉住小车的后座，迫使小阳停车。争执又开始了，但没过多久，小冰骑上了车，小丽数："一圈，两圈……"原来，他们制定了骑三圈后换人的规则……

在上述例子中，教师观望、不介入、不强行制止和建议，反而让冲突各方获得了发展的机会。

4. 培养幼儿的移情能力

移情能力是指在人际交往中,个体感受、理解和体验他人需求与情绪的能力。研究表明,移情能力与侵犯行为之间存在负相关,即移情能力越高,侵犯性越低。教师和家长利用真实的冲突情境,培养幼儿的移情能力,让幼儿设身处地地想象同伴痛苦的感受和心情,进而减少和防范攻击性行为的发生。

案例 5-9

移情化解冲突

【冲突情境】

小娟去向老师告状:"小牛拿走了我正在玩的玩具——收银台。"说完小娟大哭起来。

小牛向老师申辩说:"是我先玩的,我只是把它放下几分钟去找玩具钞票。当我回来的时候,发现小娟已经把收银台拿走了,我要从她那里拿回来。"

如果你是老师,你会按什么样的程序来处理这件事?

【冲突处理参考程序】

程序1:倾听幼儿

老师向小娟和小牛提问:"你们能不能告诉我到底发生了什么事?"

小娟告诉老师:"是小牛的错。因为小牛从我手里抢走了玩具收银台。"

小牛说:"是小娟的错。因为是我先玩的,我只是把它放下一小会儿去拿一些'钱'。是她从我那儿拿走了收银台。"

程序2:感谢每个幼儿告诉你已发生的事情

老师认真地倾听每个幼儿的想法,然后分别对每个幼儿说:"谢谢你告诉我发生的事情。"

老师在这一过程中并不责备任何一个幼儿,也不让两个幼儿陷入谁应该受到批评的争吵之中。

程序3:分别问幼儿对方的感受是什么

老师接着问:"小娟,你认为小牛会有什么感受呢?"

小娟听到这个问题可能会感到很吃惊,然后她说:"这是他的错。他拿走了我正在玩的收银台。"

老师马上回应:"我知道了,你已经告诉我了,但是现在我们谈论的是感受。你认为小牛的感受是什么?看看他的脸。"

小娟最终回答说:"小牛看上去很生气。"

老师再问小牛:"你认为小娟的感受是什么?"

小牛也会感到吃惊并仍然想指责小娟,但是老师坚持要他谈论小娟的感受。

小牛最后回答说:"她感觉很糟糕,因为她在哭。"

老师对幼儿不是指责和羞辱,而是让幼儿考虑对方的感受:另一个幼儿有什么感受?大部分幼儿会诚实地回答这个问题。

程序4:问每个幼儿应该怎样做让另一个幼儿感觉好一些

老师总结每个幼儿所说的自己怎么做可以让对方感觉好一些的措施,并提出自己的建议。

当冲突发生时,老师来判断谁对谁错通常是不可能的。不要在争论对与错的基础上或用责备和羞辱来处理幼儿的冲突。相反,应该以中性的态度倾听每一个幼儿的诉说。

每个幼儿对此都会感到如释重负,因为他们不会受到责备和惩罚。更进一步,幼儿自己可以控制解决的办法。这意味着幼儿会按照他们决定的想法去做,以后不再发生冲突。成人强加的解决方案通常不会令幼儿满意,而且经常会导致幼儿不好的情绪感受或持续的冲突。幼儿自己的解决方式也许比成人的方式更富有创造性，也许他们会决定使用厨房计时器来设定时间轮流玩收银台，或者一起玩另一个不同的游戏，甚至他们会决定给对方一个大大的拥抱。

程序5：遵循达成一致的解决方法

不管最终如何解决冲突，都要保持前后的一致性。如果老师每次都以同样客观的方式处理人际问题，幼儿就会信任老师并知道老师会公平地对待事件中的每个人。这为他们自己处理问题提供了很好的基础，之后他们会尝试不同的策略，看哪个策略最有效。有时唯一的解决方法就是老师拿走引起争执的玩具。

当这些观念通过幼儿在教室里的经验逐步内化后，他们的社会行为也从自我中心转为合作和对他人的尊严给予关注。

上述处理幼儿冲突的程序值得我们学习的做法有：
◆ 重点不是做谁对谁错的判断，而是让幼儿形成解决冲突的能力。
◆ 让幼儿学会体验对方的情绪。
◆ 让幼儿思考如何才能让对方感觉更好——学会为他人着想，学会站在别人的立场上思考问题、解决问题。
◆ 由幼儿决定解决冲突的路径。

5. 为幼儿不良情绪的宣泄提供有效路径

弗洛伊德认为，在人们受到挫折后，除非允许他们宣泄自己的攻击性，否则攻击性的能量将受到抑制而产生压力，由于这种能量要寻找一条输出通道，所以便产生暴力行为或者以精神疾病的状态显现出来。威廉·门宁格也认为："竞争性的游戏能为人的攻击内驱力提供一个不寻常的令人满意的出

第五章 社会性方面的心理行为问题与教育

路。"只有生气者对于使自己受到挫折的人或物进行一种安全的、没有内疚感的攻击，精神发泄的效应才最明显。

因此，对于幼儿因心理挫折而产生的心理负能量，不应让幼儿"安静"地压抑它，因为被压抑的心理负能量不会因此而消失，而是会深入到他们的潜意识中，危害其身心健康，过分压抑的结果往往导致攻击性能量的过度积聚，最终会爆发出更为猛烈的攻击性行为。我们要努力创造各种机会让幼儿宣泄其心理负能量，以减少其攻击性行为产生的可能性，如经常组织幼儿参加一些消耗能量的竞赛性游戏，特别是竞赛性体育游戏以及丰富多彩的艺术活动、游戏活动；另外，还可以多与幼儿交谈，交流情感，耐心倾听他们的心声，在适当的时间和场合还应允许幼儿大哭或大喊大叫，以减少其心理负能量在心中的积聚，进而减少其攻击性行为。这里需要特别提醒的是：不能让幼儿通过摔打物品的方式来发泄其内心的不满情绪，因为大量的研究表明，这样的宣泄不但不能减少幼儿的攻击性行为，甚至有可能让幼儿在宣泄后习得更多的攻击技能，产生更加强烈的攻击倾向。

案例 5-10

小华不良情绪的出路

小华刚读大班，他在家里排行最小，是妈妈心中的宝贝，和哥哥姐姐甚至邻居的小朋友相处只要稍有不顺，即向妈妈告状。妈妈每次都护着他，指责对方。

来到幼儿园后，小华依旧连芝麻绿豆大的事情都向老师告状。刚开始老师还耐心地一一处理，然而一段时间下来，老师亦不胜其烦，不再每件事都理他。

开始时，小华每找老师两次老师理他1次，一段时间后小华找老师4次老师才理他1次，慢慢地，小华找老师5次、6次、7次、10次，老师才注意处理一下。

渐渐地，小华不再告状，老师心理暗喜。

但没想到小华学会了将不满情绪用拳头来发泄，或将幼儿园里的事带回家向妈妈告状，这给老师带来了更多的麻烦与困扰。

小华的告状行为是为不良情绪找出路，老师在幼儿园里逐渐将此路径堵上了，小华只能用其他方法解决：用拳头来报复、向妈妈告状。教师正确的做法应该是，提高小华独立处理同伴之间冲突的能力。

另外，同理心也是幼儿宣泄不良情绪的有效途径。

案例 5-11

同理心让幼儿的负性情绪得到一定的宣泄

5岁的丁勇跟每一位小朋友的关系都不好。他经常做出攻击性行为，对很微小的刺激也会做出过度的反应。有一天他又打架了，老师把他叫过去。

老师："看来你很生气，我可以从你的脸上看出来你很生气。"

丁勇："我的确生气。"

老师："当你生气的时候就来告诉我吧。"

丁勇对老师的处理方式感到很意外，也很开心。他向老师道谢，自此以后竟然不再打架了。

如今他每隔一段时间就要找老师诉说让他生气的事，激动的情绪随之缓和。

案例 5-12

同理心 + 等待技巧

查小菲很好强，只要是她想要的玩具，就算别人已经在玩了，她也会毫不犹豫地去抢、去推甚至去打别的小朋友。不过，她却相当有礼貌，每次在她要抢某个玩具或要打某个小朋友之前，她都会直接看着对方的眼睛，十分真诚地说声"对不起"之后,才会对那个"可怜虫"拳脚相加。

很显然,查小菲必须学会与别人轮流玩玩具。

老师处理这种情况的一个方法就是对她说:"我知道你想玩这个洋娃娃,但是简洁现在正在玩呢。"这样会让她觉得老师是一个善解人意的人,并且老师看出了她对这个洋娃娃的需求,还认可她的这种渴望。同时,也让她明白其他小朋友也有同样的需求。接下来,你可以给她一些有益的建议,例如:"你可以一边等,一边玩其他洋娃娃呀。"

6. 创设一个宽松、愉快、和谐的心理环境

这样的环境应该是一个充满爱、相互尊重、相互关心的,允许幼儿自由表达的环境,是允许失败和犯错误的环境。在这样的环境中,每个幼儿的心理需要都能得到充分的关照。

在日常学习和生活中,教师要充分关照幼儿的各种需要,让各项教育教学活动都以符合幼儿需要的方式来展开,让每个幼儿在各项教育教学活动中都沐浴在老师和同伴的关爱之中,过着有尊严的生活。各项教育教学活动都有幼儿自我表现的平台,幼儿在各项教育教学活动中都能找到心灵的归属,他们在各项教育教学活动中都过得很充实,不同层次的幼儿在各项教育教学活动中都有成功和进步,都有成就感。当某个幼儿的某种需要受挫时,教师要以有效的方式来加以弥补。由于幼儿的各方面需要都得到了充分的关照,他们的内心就很少有挫折感和压抑感,这样,幼儿的攻击性行为就会减少甚至消失。

7. 科学合理地为幼儿提供活动空间和材料

为了减少及避免幼儿同伴之间的冲突,平常的教学活动、游戏活动要保证幼儿的人均空间在 2 平方米以上,让幼儿有足够的自由活动空间,防止幼儿因空间过分拥挤而使无意的碰撞发展成冲突和摩擦。在指导幼儿活动时,也可以有意引导有攻击性行为倾向的幼儿到人数较少的区域去活动,降低攻

击性行为的发生率。

适宜的玩具和材料的投放也可以减少幼儿的攻击性行为。投放的材料数量要充足，特别是提供新玩具或新材料时，要考虑让尽量多的幼儿有玩的机会，以减少幼儿为争抢玩具而产生矛盾；教师在投放材料时，应尽量减少投放小棒、玩具刀枪等这些材料，因为这些玩具材料本身就具有诱发幼儿攻击性行为倾向的作用。

案例 5-13

控 制 人 数

某托小班的区角中新添了天线宝宝乐园，一堆孩子都挤在里面要玩，20分钟之内出现了3次以上的争抢和推打行为。经过调整，老师在进口处增加了4把钥匙，带上钥匙才能进去，也就是每次只能有4个孩子玩，孩子们的攻击性行为立即减少并很快消失。

在一定的空间内控制人数可以减少冲突的发生。

8. 家园合作

幼儿的攻击性行为与家庭影响关系极大。要预防和矫正攻击性行为，必须加强家园合作。教师要密切联系家长，及时沟通信息，并对家长进行必要的家庭教育指导：

- ◆ 教师和家长要达成共识，正确对待幼儿的攻击性行为，注意自己的言行举止，为幼儿树立良好的榜样。
- ◆ 帮助家长树立正确的教养观念，纠正不正当的教育方式。指导家长正确看待孩子被欺负和孩子欺负别人的事情。当孩子被欺负后，应告诉孩子及时向老师反映，而不要鼓励孩子动手反击；当自己的孩子打别人后，不要有任何偏袒的言行，一定要进行严肃的批评教育，并带着孩子向被欺负的孩子及家长道歉，如果情况严重，要登门看望，赔礼道歉。此外，当被欺负的幼儿或其家长来告状时，教师要认真听取情况，待调查了解清楚后，做出公正的判断，绝不可敷衍了事。

◆ 指导家长正确利用大众传媒对孩子的影响。如在观看电视时，家长应恰当地解释和评价他们所看到的电视节目中的人物形象，以减轻电视暴力的影响。家庭成员在看电视时应经常交谈，成人可以以这种方式帮助孩子将行动与后果联系起来，以强化电视的正面影响，减少负面影响。

9. 矫正幼儿攻击性行为的技术方法

（1）角色扮演法

角色扮演法使人能够亲身体验他人的角色，从而可以更好地理解他人的处境，体验他人在各种不同情境下的内心情感。研究表明，只有一个人内心世界之中有与他人相同的体验时，他才知道在与别人发生相互联系时该怎样行动和采取怎样的态度。因此，角色扮演在发展幼儿的社会理解力和改善人际关系方面有着尤其重要的作用。幼儿喜欢模仿和表演，角色扮演对矫正幼儿的攻击性行为有着特殊的作用。如，在表演故事《下雨的时候》、《三只蝴蝶》、《白鼻和黑鼻》、《迷路的小花鸭》中，让有攻击性行为的幼儿来扮演助人的角色，从而强化其助人行为，可以培养其良好的社会性行为。

（2）移情训练法

移情训练法是一种旨在使儿童体察他人的情绪、理解他人的情感，从而与之产生共鸣的训练方法。移情的培养可以采用观点接纳技能的训练，即通过角色扮演的方法来实现，让幼儿身临别人所处的情境，体验别人在一定情境下的内心状态，以培养幼儿对别人观点和情感的理解，并在真实行为中考虑别人的利益和对别人心理上的影响。如，在平时的角色游戏中，我们往往习惯于请个子比较大、力气强壮的幼儿扮演诸如"大灰狼"之类的强势角色，请文弱的幼儿扮演"小羊"之类的弱势群体。为了让攻击性强的幼儿能感受到受攻击者的感受，在角色游戏中可以采取角色换位，即让具有攻击性行为的幼儿扮演弱小的"小羊"，使其体验到被攻击的痛苦和无助；而让弱小者扮演"大灰狼"，使其感受到"力量"的魅力。通过这种角色换位，可以培养幼儿的移情能力，有助于促进幼儿的情感体验，减少幼儿的攻击性行为。

（3）冷处理法

冷处理法就是对幼儿的攻击行为进行冷处理，即暂时不理睬，让他自我反思直到平静下来为止。这种方法的好处在于不会向幼儿提供呵斥、打骂的攻击原型，如果把这种方法与鼓励亲社会行为的方法配合起来使用，效果会更好。

（4）说服教育法

说服教育法是指通过摆事实、讲道理，使幼儿提高认识、形成正确观念的方法。说服教育主要是使幼儿提高对攻击性行为危害的认识，从而减少攻击性行为。说服教育必须及早进行，让幼儿从小就明辨是非，也要注意强调攻击性行为的严重后果。如，当幼儿有攻击性行为时，教师可追问幼儿"你为什么要打小朋友？"，或者问幼儿"你为什么要抢别的小朋友的玩具？"。当发现幼儿有不正确的归因时，教师应及时帮助幼儿改变不正确的观念。

（5）暂时隔离法

暂时隔离法是指当幼儿的攻击性行为发生时，立即将其从当前令人愉快的情境中转移到一个乏味无趣的情境中的方法。例如，把幼儿带到一个没有玩具和电视的房间里或者他不愿意待的其他地方，过一段时间后再将其放出来。研究表明，这种方法对于消除幼儿的攻击性行为很有帮助。不过，使用暂时隔离法时要注意以下七点：

- ◆ 合理选择适当的隔离法：观望式隔离、排除式隔离、绝缘式隔离。
- ◆ 隔离区要求：有灯光、椅子，无危险物品，四周无装饰物。
- ◆ 暂时隔离的时间不宜过长，一般不超过5分钟。
- ◆ 必须对幼儿说明暂时隔离是由其攻击性行为引起的。
- ◆ 将行为改变计划告诉幼儿。

- ◆ 不要当着外人的面对幼儿进行暂时隔离,因为这样容易挫伤幼儿的自尊心。
- ◆ 对于年龄较小或偶有攻击性行为的幼儿不宜采用暂时隔离的方法。

(6) 行为矫正法

通过观察确定幼儿每天推、拉、扯、打人的次数,连续观察 5 天后,求其平均数,如果求得的平均数是 6,那么可以采取如下计划对其攻击性行为进行矫正:

- ◆ 告诉幼儿打人是不对的,因此希望他能改正。
- ◆ 跟幼儿约定,如果他在一天中打人的次数不超过 4 次,在放学前给他在光荣榜上贴一颗小红星;如果超过 4 次,则从其光荣榜上撕掉一颗小红星。(每天放学时,老师都告诉他当天是否达到要求,但不告诉他次数的记录。)
- ◆ 实施一段时间后,如果连续两周幼儿打人的次数不超过约定的次数,则将每天打人的次数标准降低 1 次。依此类推进行,直至进入零次阶段。
- ◆ 教师和家长约定:孩子每得到一颗小红星,周末时家长就在力所能及的范围内满足他的一个愿望。

(7) 倾听法

认真听幼儿的话可以让他觉得自己受到了尊重,当然,及时的回应也是很有必要的。

"原来是这样啊!"

"那你肯定很伤心,是吧?"

"后来你怎么样了?"

这样的话虽然很简单,但能让幼儿明确感受到教育者是关心和爱自己的,这样他才愿意随时向教育者表达自己的情绪。

二、"偷窃"

（一）幼儿"偷窃"的表现

偷窃是指幼儿故意拿走或者保留不属于自己的东西，无论这个东西是属于幼儿园的，还是属于其他幼儿的。假如这种行为频繁地发生，就属于问题心理行为。

某些幼儿时常会将幼儿园里的物品或别人的物品带回家，幼儿的这种行为与成人的偷窃行为有着本质的区别，不是一般意义上的偷窃。但幼儿的这种"偷窃"行为又是不能忽视的行为，否则，这种"偷窃"就会成为习惯，发展为真正意义上的偷窃，甚至导致幼儿长大后走上犯罪道路。

幼儿的"偷窃"行为按其产生的频率来划分，可分为偶尔"偷窃"和习惯性"偷窃"，后者是教育者应该特别关注的。下列不同层次的"偷窃"行为值得教育者关注：

◆ 幼儿"偷窃"前的行为
◇ 谈论自己很喜欢某个特别的玩具
◇ 正在玩某个特别的玩具
◇ 不停地赞美某个物品
◇ 询问他能否拥有这个物品
◇ 不允许其他幼儿玩这个玩具
◇ 待在这个物品的主人旁边

◆ 幼儿如何"偷窃"
◇ 拿别人的东西，就像在家里拿自己的东西一样淡定
◇ 玩的时候忘记还，随身将其带回家
◇ 在玩的过程中觉得好玩，就擅自做主拿回家玩，第二天拿回来归还

第五章 社会性方面的心理行为问题与教育

◇ 四处张望看是否有人在看自己
◇ 把这个物品放进自己的口袋
◇ 把这个物品抓在手里
◇ 把这个物品藏在活动室甚至幼儿园户外的某个地方
◇ 把这个物品放进自己的书包里
◇ 假如被询问起来，就否认自己拿过这个物品
◇ 坚持说这个物品是自己的
◇ 当被发现后，表现得很慌张
◇ 当被发现后，拒绝归还
◇ 当被发现后，把这个物品归还给它真正的主人

◆ **幼儿喜欢"偷窃"什么物品**

◇ 自己喜欢或用得着的物品
◇ 任何东西
◇ 其他幼儿从家里带来的玩具
◇ 幼儿园里的玩具或材料
◇ 某类东西

◆ **幼儿"偷窃"后的体验**

◇ 享受"偷窃"来的物品
◇ 享受"偷窃"的过程，而不是享受"偷窃"来的物品
◇ 享受"偷窃"的过程，也享受"偷窃"来的物品

◆ **有偷窃癖的幼儿与具有一般"偷窃"行为的幼儿的不同特点**

◇ 反复产生不能克制的偷窃物品的冲动，偷窃物品不是为了自己使用或为了它的经济价值
◇ 在行窃之前紧张感逐渐增强
◇ 行窃时感到愉快、满足或放松
◇ 偷窃不是为了表达愤怒或报复，自己清楚自己的行为，也不是受妄想

或幻觉的影响

当幼儿出现偷窃癖的行为特征时，教师和家长要特别关注，因为偷窃癖可能延续到成年后，并且成年后出现紧张感时更加控制不住自己的行为，他们对于自己的行为事后会更加后悔，自责感也更强。偷窃癖是心理问题，不是道德问题，如果幼儿刚刚出现这种行为倾向，教师和家长可以通过正确的方法和手段帮助幼儿减少甚至消除这种行为倾向。

（二）幼儿产生"偷窃"行为的原因

"偷窃"行为是幼儿园里存在的一种比较普遍的现象。只有了解了幼儿产生"偷窃"行为的原因，我们才能有针对性地矫正幼儿的"偷窃"行为。

研究表明，幼儿"偷窃"的主要原因有如下几种：

1. 为探索其未知的世界而"偷窃"

有时候，幼儿将不属于自己的物品带回家是由于探索的欲望引起的。请看案例5-14：

案例 5-14

"偷"磁铁

有一天，岳老师发现少了6块磁铁，她问小朋友们谁发现了，小朋友们都说没看见。第二天一早，张环宇的姥姥送他来幼儿园时悄悄对岳老师说："张环宇把小磁铁拿回家去了，我和他妈妈为这事还揍了他一顿，告诉他不能把幼儿园里的东西拿回家。他也认错了，您别再批评他了。他让我告诉您，别再告诉另外两位老师了。"姥姥走了。岳老师把张环宇叫到跟前问他："为什么把小磁铁拿回家呢？"张环宇说："我们家刚装修完，我想看看哪些东西能被磁铁吸住，就把磁铁拿回家了。我想等用完了再把它送回来。"

与其说张环宇的行为是偷窃行为，不如说是求知行为更为准确，他因为想探索新家的"磁性"而被家人揍了一顿，真是太冤枉了。

2. 因没有"物权"概念而"偷窃"

由于幼儿思维的自我中心模式，他们往往认为整个世界都是围绕着自己转的，所以他们很难理解别人的观点，也往往分不清"你的"、"我的"、"他的"。他们没有"物权"概念，在家里成人可以随便拿他们的东西，他们也同样可以占有所要的东西。年幼的孩子活动范围只限于家庭内，因此这样的随意行为无关紧要。随着孩子交往世界的扩大，他开始与家庭以外的人和事接触，这时孩子开始形成"这是我的"这个概念，但还未形成另一个概念——"什么是别人的"，也就是这一阶段最容易发生不经主人许可就拿别人东西的行为。许多幼儿都有这样的观念——"谁先看到谁先得到"，于是，别人家的东西或者幼儿园里的东西，他先看到的，他就自然拥有其"合法"所有权，只要是喜欢的玩具，他就会顺理成章地带走。年龄越小，这种现象越普遍。因此，从根本上说，幼儿的心里没有"偷窃"的概念，幼儿拿走别人东西的行为并不是真正意义上的偷窃行为，成人不能随意将"偷窃"的标签贴在孩子身上。

3. 因模仿而"偷窃"

幼儿的"偷窃"行为也有可能是对父母、老师、同伴或影视中人物的相关行为的一种模仿——因为他们无法判断这种"拿别人东西"的行为是好是坏。比如，有的小孩就曾看见母亲搜父亲的口袋没收搜到的钱或香烟（或许妈妈是为了让爸爸戒烟），孩子不知道母亲出于什么动机而这样做，但他只知道母亲在"未经他人允许"的情况下偷偷拿走别人的东西——母亲的这种行为会对孩子产生潜移默化的影响，孩子到幼儿园后也可能会在"未经他人允许"的情况下偷偷拿走别人的东西。有的幼儿的"偷窃"行为则是从影视中学来的，比如，他看到影视中的"好人"偷了"坏人"的东西，"坏人"因找不到自己的东西而急得晕头转向，他觉得很好玩，因此也想试试看，在"偷"

了别人的东西后看看被偷者的反应。

4. 幼儿因自控能力差而"偷窃"

由于幼儿的自控能力差，所以他们往往会出现行为与观念相矛盾的情况。比如，明知道不经别人允许拿别人的东西是不对的，但看到别人好玩的东西时还是控制不住自己。

5. 家长给幼儿造成的误解

有的家长有时会自觉不自觉地给幼儿灌输"你想要什么就能得到什么"的错误观念。产生这种误解的幼儿，无法理解他拿别人的东西是错误的行为。

6. 引起别人的关爱

有的幼儿认为自己拥有好东西，就能吸引别人的视线。让大家把注意力都集中在自己身上是件很令人高兴的事情，因此，他会想方设法去拥有更多的能引起别人关注的东西。当正常的渠道无法获得时，幼儿就会考虑"顺手牵羊"。这样做的目的不一定是想占有该物品，而只是为了引起关注。

（三）幼儿的"偷窃"行为与教育

根据幼儿"偷窃"的原因及其身心特点，我们可以通过如下措施对幼儿进行有针对性的教育。

1. 帮助幼儿建立"物权"观念

教育者应郑重地向幼儿讲明不经别人允许而拿走或用别人的物品是不好的行为，并向幼儿解释"物权"的含义，帮助幼儿区分物品的"物权"，如引导幼儿认识并建立"我的"、"你的"、"他的"的观念，让幼儿知道幼儿园里各种物品的归属，比如"自己的"、"张三的"、"李四的"床、被子、枕头、杯子、椅子、位置、毛巾、书包和"大家的"玩具、图书等——幼儿的私人物品都要标上姓名或其他明显的标识，让幼儿对这些物品的归属一目了然，同时，让幼儿确立自己的物品自己管理、大家的物品大家管理、"每个人都有属于自己的私人领地和物品，不经主人同意不可以随意翻看或拿走主人的东西"

等观念，要让幼儿养成"拿不属于自己的东西时，要征得别人同意"的习惯。

在这方面，教育者要为幼儿树立一个良好的榜样，如教师不要随便翻幼儿的书包，更不要不经同意就用幼儿的物品；父母要用女儿的铅笔，一定要先问问她，如果孩子同意借给你，别忘了说声"谢谢"，用完之后，要当面归还。如果孩子坚决不肯借，也别勉强。

案例 5-15

猜猜××是谁的

平时还可以和幼儿玩游戏"你猜猜，我猜猜，这个××是谁的？"。也就是将贴有标识的幼儿私人物品放在一个袋子里，然后，随机拿出来让幼儿猜猜这个物品是谁的，并且让幼儿告诉大家是怎么看出来的。

经常让幼儿玩这个游戏，既可以培养幼儿的观察能力，又可以帮助幼儿形成物权的概念，有利于减少幼儿"偷窃"行为的发生。

当发现家里多了某些不是自己家的物品时，你可以这样对孩子说："这个东西好像不是你的喔！你是从朋友那里拿的，还是从幼儿园里拿的？随便把不是自己的东西带回家，人家会伤心的，幼儿园老师想给小朋友们玩时找不到，她会很难过的。我们马上给人家送回去吧！记住下次有什么想要的东西时和妈妈说，好吗？"这样做，有利于幼儿认识到自己行为的错误，同时有利于幼儿形成物权的观念。

2. 消除诱发幼儿"偷窃"行为的因素
(1) 幼儿园里的玩具、材料存放要整洁有序

玩具、材料整洁有序地存放在架子上，代表着教师对这些玩具和材料的尊重；同时，也能让幼儿清晰地意识到哪些物品是属于哪个活动室的；另外，由于存放有序，也很容易发现哪些物品被拿走了，这样，他们就不会轻易地私自将这些物品带走。

(2) 不要给幼儿"偷窃"的机会

教师要将各种玩具保管好，游戏活动结束后要清点玩具；同时，在幼儿的存包处设置适当的障碍，不要让幼儿有独立出入的机会，这样就可以减少甚至避免幼儿"顺手牵羊"行为的发生。

(3) 搜包游戏活动

每天来园和离园时都以游戏的方式搜包。来园时的搜包游戏活动，确认幼儿来园时带了什么特殊的物品并做登记；离园时的搜包游戏活动，确认幼儿离园时没有将不属于自己的物品带走。

请记住搜包活动是以游戏的方式来进行的，如果发现哪个孩子离园时准备将同伴或幼儿园里的物品带走，教师应该以游戏的口吻询问幼儿："××物品怎么跑到你的包里了？它是不是想跟你回家玩呀？""××物品正在找它的主人呢！快点把它送回主人家吧！"……要让幼儿在不失尊严、没有压力的情况下，将物品归还原主人。

当幼儿逐渐形成了物权观念且班里长时间没有发生"偷窃"后，可逐渐取消搜包游戏活动。

3. 问一问幼儿"偷窃"的动机

当发现幼儿有"偷窃"行为时，教育者首先应该问一问幼儿为什么把不属于自己的东西拿回家，然后认真地听听幼儿对事情的解释，了解幼儿做出"偷窃"行为的原因后，再根据具体动因采取相应的对策。如果幼儿是为了满足求知欲而"偷窃"，可让幼儿告诉大家他的探索发现，然后物归原主；如果幼儿是因为喜欢而将不属于自己的物品带走，则应及时归还，并对物主表示歉意和感谢；如果幼儿是无意中将不属于自己的物品带走，则应该及时归还并表示歉意。

另外，询问幼儿时教育者的态度要温和，以免幼儿被吓坏，如果处置不当，有可能引发幼儿以撒谎的方式来应对成人的询问。

4. 要尽力避免"偷窃"事件对幼儿的伤害

前面分析过，幼儿的"偷窃"行为绝大多数不是真正意义的偷窃，因此，在处理幼儿的"偷窃"行为时要注意避免该类事件对幼儿可能造成的心理伤害。

（1）不要给幼儿贴上"小偷"的标签

幼儿"偷窃"并不是真正意义上的偷窃，如果乱用"小偷"、"贼"等外号来谩骂称呼幼儿、挖苦讽刺幼儿，久而久之，幼儿真的会"承认"自己是"小偷"、"贼"。这将会成为幼儿今后发展中的一个难以逾越的大障碍，幼儿成年后可能会变成真的小偷甚至惯偷。

粗暴地给孩子贴上"小偷"、"贼"的标签还可能使幼儿产生自卑心理，影响其心理健康发展。

因此，对于幼儿的"偷窃"行为，不要总是耿耿于怀，不要总是旧事重提："你以前就偷过……我就知道你改不了！""总是这样，已经成了习惯了，你还能改吗？""这又是你从哪儿偷回来的？你再随便偷别人的东西回家，我就叫警察把你带走！你总是这样做，难道长大了要当小偷吗？"像这样把孩子以前所犯的"偷窃"行为再拿出来重新教训是很不好的。反复提起以前的"偷窃"行为，只能引起幼儿的反感，而且会使他产生再"偷窃"一定不要被发现的心理，进而做出更多的具有隐藏性的"偷窃"行为。

（2）避免对幼儿的"偷窃"行为视而不见

有的教育者认为幼儿的"偷窃"行为不是什么大不了的问题，随着年龄增长会自然消失的，因此，他们对幼儿的"偷窃"行为采取视而不见的应对策略。

这样做是不对的，这样做没有让幼儿认识到将不属于自己的东西拿回家是错误的，也就相当于教育者默许了幼儿的"偷窃"行为，有可能让幼儿继续将别人的东西拿回家，并形成一种习惯。

(3)"偷窃"是孩子的隐私

有些教育者为了表明自己明确而坚决的态度往往会在发现幼儿有"偷窃"行为后,不仅要求幼儿归还所拿物品,还要求幼儿在同伴面前认错并保证今后不再犯同样的错误——美其名为既教育本人,又教育其同伴。

我们主张"偷窃"行为是幼儿的隐私,要认真加以保护,以促进幼儿的健康成长。

案例 5-16

向苏霍姆林斯基学习处理"小偷"事件

萨沙是个五年级学生,他的一个同班同学有几支彩色铅笔,这在当时是十分贵重的。这位同学把彩色铅笔放在教室的柜子里,有一天,彩色铅笔突然不见了。毫无疑问,除了本班同学外,谁也不可能拿去。苏霍姆林斯基想,拿走彩色铅笔的可能是最喜欢画画的萨沙。

"谁也没有拿走彩笔,"苏霍姆林斯基竭力使孩子们相信,"只是出了个差错。有人忘了把彩笔放回柜子,他把彩笔带回家了,现在彩笔正在他家的桌子上,明天他一定会放回原处的。"

清晨,苏霍姆林斯基来到学校,突然听到有人翻篱笆进来了,是萨沙。"发生了什么事,萨沙?""彩笔……""放回柜子里去吧。""教室的门关着,该怎么办呢?"孩子绝望地问道。"给我吧。不要和任何人谈起这件事……也不要对别人讲你犯了错误。我把彩笔拿回家搁一天,使用一下。"

萨沙松了口气,紧张的心情缓和下来了。当他们进入教室时,从孩子们的眼神中,苏霍姆林斯基看到了期待与不安。

"彩笔在我家里。"苏霍姆林斯基愉快地对孩子们说,"我自己也弄不清怎么会把彩笔放进我的皮包。我要画一棵水池旁边的小白桦。明天我就把彩笔带回来。"苏霍姆林斯基和萨沙两人的目光相遇了,萨沙那闪闪发光的眼神流露着对苏霍姆林斯基的感激。

第五章 社会性方面的心理行为问题与教育

这是一个关于慈悲的故事。苏霍姆林斯基用一个教师深沉的悲悯之心和宽容的爱心融化着、温暖着每一个孩子的心灵。

案例 5-17

集 体 批 判

有一天，带班的文老师处理了一个孩子"偷窃"的事件。据班里的很多小朋友反映，他们的东西被赵军小朋友给偷了。文老师在全班小朋友面前把赵军狠狠地批评了一顿，并吓唬他说，要把他送到警察叔叔那里，还告诉班里的小朋友："如果他再偷小朋友们的东西，小朋友们就别和他一起玩了。"等教育活动结束的时候，小朋友们说："我们都不和赵军一起玩，他是小偷。"

这一案例是我到幼儿园里见习时看见的。当时听了小朋友们的话，我感到十分愧疚——我当时出于种种考虑没有制止文老师组织的"批判赵军"的活动。此事过去好多年了，我不知道赵军现在过得好不好，但我由衷地希望赵军能健康成长！

（4）仔细调查，切忌冤枉幼儿

面对家长和其他小朋友的投诉，教师应该仔细调查，弄清楚该幼儿是否如别的小朋友所说的"偷了别人的东西"，而不是因为别人说"是他偷的"就下结论。在幼儿园里常有这样的情况：两个小朋友的关系非常好，其中一个小朋友一时高兴，便答应把自己的东西送给另一个小朋友，过后又抱怨那个小朋友偷了他的东西；还有的小朋友把自己的东西弄丢了，而东西被其他小朋友捡到了，他也会去告状说别人偷了他的东西。

因此，教育者应该分清楚各种状况，不冤枉任何幼儿，否则其对孩子的心灵所造成的伤害是无法估计的。

我们的观点是：宁可放过十个"偷窃"的幼儿，不可冤枉任何一个幼儿！

三、社会退缩

（一）幼儿社会退缩的表现

幼儿社会退缩是指在日常学习和生活活动中，幼儿无特殊原因的不愿与人交往、更不愿接触陌生环境的行为倾向。它主要表现为如下特点：

1. 羞怯、胆小、怕事

他们怕见陌生人，见到陌生人时，能躲就躲；不能躲则表现出紧张不安，浑身不自在，或低眉眨眼，或面红耳赤；他们不愿意在公开场合抛头露面，害怕在众人面前讲话，显得很不大方。

2. 孤僻、不合群

他们总是独自一人与玩具为伴，喜欢独自游戏，不喜欢与小朋友们一起玩，在集体活动中往往既不被他人选择，也不被他人排斥，而是被忽视，同时他们自己也不选择他人且排斥他人，往往游离于各种群体活动之外，即使有小朋友主动与他们交往，邀请他们参加活动，他们也往往是消极、冷漠的。

3. 其他明显的特点

有社会退缩倾向的幼儿还具有如下明显的特点：

◆ 在集体环境下，独自一人，不与他人交往。

◆ 在陌生或熟悉的环境下独自游戏、消磨时光。

◆ 伴随着孤单、孤独的情绪体验。

◆ 从不主动发起交往，在与人交往的过程中总是处于被动地位。

◆ 具有跨时间、情境的一致性，即它的发生不是暂时的，而且无论在陌生的环境下还是在熟悉的环境下均表现出一贯的孤独。

幼儿的退缩行为包括安静型、活跃型和焦虑型三种。

安静型退缩行为是指有同伴在场时幼儿独自、安静地探索和建构的行为（例如玩积木、用蜡笔画画等），它反映了幼儿较低的社交趋近动机和社交回避动机，这种儿童没有社会交往能力的缺陷，有能力参与同伴互动，是比较良性的社会退缩类型。

活跃型退缩行为是指有同伴在场时幼儿独自重复的机械的身体运动、功能游戏或夸张的戏剧性表演。这种幼儿喜欢参与同伴互动，交往趋近动机高，回避动机低，但由于其社会交往能力较差，缺乏社会问题解决能力，因而常被同伴拒绝而不得不独自活动。

焦虑型退缩行为是指有同伴在场时幼儿无所事事、观望、等待、徘徊的行为。从动机角度来看，这种行为反映了幼儿社交趋近—回避的动机冲突——既想参与又怕参与同伴互动，因而会出现矛盾、胆小、拘谨等情绪问题。

幼儿的社会退缩心理与行为往往是造成日后诸多不良行为的预兆，如精神分裂、自杀、自残、人格变态、怪癖症、犯罪等。它特有的障碍性、封闭性、顽固性和长期性对幼儿的健康人格和将来的成就动机的影响不可小视。幼儿的社会退缩心理与行为会阻止他们对外界环境的探索，影响其社会性的发展，不利于其认知能力、交往能力、言语能力等方面的发展。研究表明，对幼儿的社会退缩心理与行为若不加以弥补和干预，不仅会对其目前的行为功能发展造成严重障碍，而且会导致更广泛的行为功能的丧失，甚至会产生更可怕的诸如分裂型人格障碍等严重的心理疾病，其影响持续到成年期，会形成更加难以治愈的畸形性格。

（二）幼儿产生社会退缩心理与行为的原因

研究表明，幼儿出现社会退缩心理与行为的原因主要有以下四种。

1. 父母行为的影响

孩子是父母的影子，父母本身就不喜欢与人交往，也不会与人交往，这时要求孩子喜欢并善于与人交往，就有点强人所难了。有些孩子的父母本身就性情古板、生活单调，平时寡言少语、不善交往，很少参与集体活动，喜欢单独娱乐，如练习书法、上网、读书、养花等，这些都会使孩子变得沉默内向或沉迷于自己的某一兴趣爱好而不愿意与人交往。

另外，家庭不完整、单亲家庭也会使幼儿变得退缩。

2. 教育者过于严厉

教育者（包括教师和家长）如果对幼儿的要求过于严厉甚至苛刻，幼儿稍有过失或不遂其心愿，就严厉训斥甚至打骂，这样，幼儿成天提心吊胆，不敢越雷池一步，凡事没有做之前和在做的过程中过度担心会失败或犯错误，久而久之就会形成退缩心理。

3. 社会退缩是一种自我保护

幼儿在与老师或其他小朋友交往中如果经常受到伤害，如语音不准而遭到老师或小朋友们的嘲笑；在教学活动中回答老师的提问时说错了，被老师批评或小朋友们取笑；在与同伴交往中，如果由于身体弱小而经常受到其他小朋友的欺负、蔑视，那么这个幼儿很可能就会出现社会退缩心理与行为——不说话，不与其他小朋友交往，不回答老师的任何提问，把自己"封闭"起来，以免遭受更多的伤害。因为孤僻、不说话可以避免失败、避免受到伤害，不与人交往反而使他们更有安全感。

4. 缺乏同龄玩伴

独生子女由于缺乏同龄玩伴，加上家长的过度保护——一些家长担心自己的孩子体质较差会受欺负，而且怕孩子们在一起时会吵嘴、打架，或者怕自己的孩子与其他孩子交往会学坏，因此就尽量限制孩子与同龄人交往——往往造成幼儿缺乏与同伴交往的经验和能力，进入幼儿园过集体生活时，他们往往容易表现出胆小、退缩、孤僻、内向、冷漠等社会退缩的特点。

（三）幼儿的社会退缩与教育

根据幼儿产生社会退缩的原因及其身心特点，可以通过如下措施对幼进行有针对性的教育。

1. 建构安全的心理环境

当感受到环境不安全时，幼儿就容易出现社会退缩心理与行为。因此，我们要为幼儿建构一个充满安全感的环境。

(1) 幼儿教师要有宽容之心

幼儿园应该是一个宽松、宽容、宽厚的地方。幼儿园不同于军营，也不同于监狱，更不同于医院，幼儿园应该是舒展心灵、放飞个性的地方。由于能力和经验有限，幼儿经常会犯一些"低级的错误"，甚至屡屡犯同样的低级错误，这就需要教师有一颗宽容仁慈之心，要心平气和地接受幼儿的错误，并将之当作孩子不断进步必需的阶梯，而不要总是严厉苛刻地对待屡犯错误的幼儿、不能原谅幼儿所犯的任何错误，否则，幼儿平时会经常担心失败，害怕老师批评，做事情和说话时总是瞻前顾后、胆小怕事。因此，我们应该具备以下观点：

- ◆ 幼儿园是个可以犯错误的地方。
- ◆ 幼儿犯的所有错误都是可以原谅的。
- ◆ 教师不应该因幼儿屡犯低级错误而对他说："我恨死你了！"当然也不能为此而对其怀恨在心。
- ◆ 教师不应该因为幼儿犯错误而对其发火，而应该让幼儿从犯错误中获得发展。

(2) 为无助的幼儿伸出援助之手

教师应该是幼儿心理安全的坚强后盾，教师不能放弃自己的责任，要努力保证每个幼儿的心理安全，让幼儿感觉到在幼儿园里老师会保护自己的。因此，当幼儿因受同伴或其他人欺负而不安时，教师要及时伸出援助之手，帮助幼儿摆脱心理不安的困境。

（3）温和地对待幼儿

严厉、粗野的教师会让幼儿感到恐惧，进而选择退缩。因此，教师对幼儿说话时声音要轻柔一些，对幼儿的态度要温和一些，动作要柔和一些，绝对不能粗暴地对待幼儿，否则，幼儿在教师面前就会变得唯唯诺诺。

（4）家庭要为孩子创造一个安全的环境

家庭要为孩子的健康成长提供安全的空间。为此我们给家长提出如下建议：

- ◆ 父母感情不和，不要在孩子面前表现出来。
- ◆ 任何时候都不要对孩子说"因为……我们不要你了！"。
- ◆ 不要把自己的内心不安传递给孩子，如不要时常在孩子面前显示出愁眉苦脸的样子。
- ◆ 父母要经常以轻松愉快的情绪去感染孩子。
- ◆ 父母在孩子面前要多谈些令人轻松的话题，不应将本来只属于父母的沉重话题暴露在孩子面前。
- ◆ 面对困难、困境，父母必须勇敢面对，让孩子感到父母是可以依靠的。

2. 帮助幼儿建立积极的自我概念

幼儿的自我评价处于他律阶段，他的自我概念通常是一个"镜面自我"，即重要他人认为他是什么样的，他就认为自己是什么样的。如果幼儿从周围的环境里得到的都是消极评价，那么，他就很容易形成消极的自我概念。因此，教育者要完全无条件地接纳每一个幼儿，多发现幼儿的闪光点，多给予幼儿积极的评价和肯定，要通过行动、目光、表情向幼儿传达"你能行！""你很棒！""老师喜欢你！""爸爸妈妈很喜欢你！"等积极信息，对每个幼儿给予持久而积极的期待。同时，教育者要多为每个幼儿提供与其能力相适应的任务，让他们不断地接受挑战，不断地获得成功体验，进而促进他们自信心的建立和积极自我概念的形成。

案例 5-18

同伴积极报告

同伴积极报告是近年来备受关注的一种干预手段，其基本要点是教师给予班级的小朋友相互报告积极行为的机会，并对报告了他人积极行为的小朋友给予一定的强化。

社会退缩幼儿在日常生活中有时会偶然表现出积极行为。小伙伴是幼儿日常行为的最佳观察者，创设一定的条件让小伙伴有意识地发现他们的积极行为，并在小伙伴群体中公开，可有效地强化这些行为；同时，小伙伴的公开积极报告也有助于社会退缩幼儿在同伴群体中消极印象的改变。同伴积极报告包含以下内容：①教师向全班幼儿介绍什么是积极同伴报告以及在班级内开展积极同伴报告的程序；②教师在班级中选择一个幼儿作为当前的"班级明星"（每间隔一周或几天更换班级明星，每个幼儿包括社会退缩幼儿都有机会被选为明星），告知大家需特别关注他的良好行为（如分享、帮助其他小朋友、和其他小朋友友好地玩耍等），并在每天特定的时间内将这位小朋友的良好行为报告出来；③做出了积极报告的幼儿可获得代币，代币积累到一定的数目后给予相应的强化物进行强化。

相比其他手段，同伴积极报告省时高效，教师可较为容易地掌握，且不会给幼儿园的日常生活和教学带来太大的干扰。同伴积极报告有利于培养相关幼儿的积极自我概念，有利于幼儿发现和欣赏同伴的优点。

3. 同伴介入法

同伴介入法是提高社会退缩幼儿交往频率的有效方法之一。这种方法将社会退缩幼儿与社会交往能力较好的幼儿配对，安排乐群和社会交往能力强的幼儿主动发起与社会退缩幼儿的互动，这样能使幼儿与特定的人建立起同伴关系，由后者向前者提供榜样，先使社会退缩幼儿获得成功的交往经验，树立自信心，进而增强其社会交往欲望和能力。国内研究表明，集体游戏对社会退缩行为的矫正有很好的效果，教师可以创设集体游戏的情境，提高幼儿的交往水平。

在使用同伴介入法时，应该注意以下几点：

◆ 为每个接受干预的社会退缩幼儿安排两个从其班级中选出的小伙伴，承担帮助者的角色。

◆ 帮助者应该具备的条件：①与小伙伴互动良好；②听从老师的指导；③能模仿训练者示范的行为；④能较长时间地从事某项任务；⑤与相匹配的社会退缩幼儿性别相同且与其是朋友。

◆ 激发帮助者对社会退缩幼儿"没有人和他一起玩"的同情，并告知他们参与此项活动的重要性。

◆ 经常为他们分配需要帮助者和被帮助者积极互动才能完成的任务或者安排相关的活动。

◆ 对帮助者和被帮助者的积极互动给予及时、积极的肯定和鼓励。

相信在同伴的帮助下，社会退缩幼儿一定能逐渐走出封闭的自我。

案例 5-19

因同伴而改变

莎莎是一个非常害羞的小女孩，在教学活动中只有叫她时她才说话，在自由活动时她也总是自己玩或者在边上静坐。当母亲发现莎莎这样时，心里着急，害怕这样会影响到莎莎将来的人格健康，几次请求吴老师协助辅导。吴老师注意观察了莎莎的表现，决定从午餐社会化开始帮助莎莎。

吴老师希望看到莎莎与别人谈话，有一天中午，她问莎莎喜欢和谁同桌午餐。莎莎回答说："我喜欢跟巫晓莉在一起吃午餐。"巫晓莉是班上最有人缘的女孩。于是，吴老师首先安排莎莎跟她同桌，每次莎莎开口跟同伴讲话，就给她一颗小红星。

除了吃饭外，自由活动、外出散步时，吴老师都安排莎莎和巫晓莉在一起。同样，每次莎莎开口跟同伴讲话，吴老师就给她一颗小红星。

累计10颗小红星后，妈妈给莎莎兑现一次她最喜欢的活动。

这样实施一个学期后，莎莎就变成了一个爱说话的孩子。

4. 适当的时候让社会退缩幼儿当领导

当社会退缩幼儿具有一定的胆量和能力的时候，可让他当领导——让他带领大家做操、指挥大家做事——当然，此前一定要确认该幼儿是否具备了这种能力，如果他还不具备这种能力，那么，可以通过训练让其具备相应的能力，从简单的领导工作做起，慢慢地在班里发挥更大的作用，这对促使社会退缩幼儿走出封闭的自我是有帮助的。

当社会退缩幼儿还没有准备好的时候，也不要勉为其难，否则，硬让他当"领导"，不仅不能起到领导的作用，还会让他再次受到挫折，在同伴面前变得更加退缩。

5. 了解社会退缩幼儿的兴趣点和优势

幼儿教师可以通过平时的观察，了解社会退缩幼儿的兴趣点和优势，在班级活动中设计相应的活动，发挥他的特长和兴趣；同时，帮助他与兴趣相投的孩子成为朋友，并经常组织相关活动；另外，还要不断扩大小组活动范围，这样有助于幼儿在快乐的氛围中走出封闭的自我。

6. 不断地鼓励

◆ 无论何时，只要社会退缩幼儿与他人互动，就给予积极的回应："很高兴听你说话和大笑。和别人在一起玩一定很有趣！"

◆ 对于说话特别小声的幼儿，要立即打断他并鼓励他："我喜欢听到你5岁（或者4岁）的声音，真好听！"不要说："不要那么轻声地讲话。"也不要说："大声点儿，我们听不见！"因为这样会让幼儿感到尴尬。

- ◆ 鼓励社会退缩幼儿从家里带些需要几个人一起玩才能玩得好的玩具来园,然后,邀请其他幼儿和他一起玩。
- ◆ 当社会退缩幼儿在教育者的引导下和别的小朋友打招呼或有好的表现时,教育者要立刻强化:"娟娟很棒,和小朋友打招呼啦!""娟娟把自己的想法主动告诉老师,表现非常棒!""今天丽丽和小朋友们玩得真开心,老师真为你感到高兴!"
- ◆ 不要对社会退缩幼儿说:"这孩子太老实,不愿意说话!""这孩子特别安静,喜欢自己玩!""小丽是个很安静的孩子,喜欢自己玩!"因为这些话会进一步强化幼儿的社会退缩心理与行为。
- ◆ 当社会退缩幼儿参与集体活动、小组活动时,教师可以坐在或站在他旁边,不断鼓励他与老师、小伙伴交流。比如,幼儿的美术作品提供了极好的师幼互动交流的机会,教师可以和他谈谈与绘画有关的一些问题,如颜色、构图、技巧等。注意:你要关注和表扬的是这个幼儿的语言表达行为,而不是他的美术作品——美术作品只是引发你和幼儿语言交流的一种媒介。
- ◆ 鼓励社会退缩幼儿用口头语言进行交流。如果幼儿不用口头语言,而只是指指点点、打手势等,教师可以说:"你必须告诉我你想要什么。"如果幼儿用口头语言跟老师交流,要及时表扬他,并满足他的要求或给予其他帮助;如果他不说,教师就可以去做其他事情。

案例 5-20

不再沉默

方菲是个很内向且害羞的孩子,在集体教学活动中,只有被提问到时她才会说话,否则,她就一整天独自坐在自己的位置上,不说一句话。

黄老师希望帮她改掉这个毛病,于是采取下列方法:告诉她不论什么时候,只要她主动跟班上的小伙伴说话,每跟一个人说话就奖给她1颗小红心。

等到一天结束,看看她总共得到了多少颗小红心。小红心达到10颗后,妈妈在周末就可兑现她的一个愿望。如果她一个上午或一个下午没有跟任何人说话,就取回1颗小红心。

黄老师的计划很成功。经过一段时间后,方菲有了较大的进步,黄老师停止使用小红心及其他奖励方式,改用口头称赞,仍然很有效果。一个学期后,方菲能和小伙伴自如地交谈了,人也变得活泼开朗了。

在上述案例中,黄老师之所以能成功,其根本原因就在于家园合作,不断地激励方菲取得进步。

7. 循序渐进

一直以来,许多教师和家长都认为,为了促进幼儿语言能力的发展,使社会退缩幼儿活泼开朗地、积极地参加班级活动,进而融入到班集体中,应多对那些不想在小伙伴面前回答问题的幼儿"点名",让他们有更多的锻炼机会和发展机会。许多家长也是这样希望的,他们认为孩子胆小退缩,老师就要多给孩子锻炼的机会。

如果该幼儿没有做好相关的准备,教师强行"锻炼"他,那么再次的失败会让他们变得更加内向、更加自卑,在行为上表现得更加退缩。对于社会退缩幼儿,关键不是要强迫他们多"锻炼",而是要为其创造成功的机会,帮助其树立自信心。

案例 5-21

谁最不喜欢说话

在一次幼儿园大班的家长开放日活动中,教师讲完故事《猫医生》后,问了幼儿一些与故事有关的问题。很多幼儿举起了手,这时程老师说话了:"我们班平时谁最不喜欢说话?"幼儿异口同声地说:"虹虹,诗雨,梦雨。"然后,程老师就说:"那我们今天就请他们三个来回答问题,爸爸妈妈都看着你们呢!"结果三个孩子的脸憋得通红,什么也没有回答,只是不停地转过头去看父母。

教育活动后,我向上课的老师指出,这样做对那三个孩子是有害无益的。可是,上课的程老师却强调自己只是想给胆小的幼儿更多的锻炼机会。

程老师的教育意图我能理解。但这种毫无准备的"锻炼"只能让这三个幼儿遭受更大的心理挫败,在这种场合,他们的自尊心和自信心将再次受到严重的打击;另外,"不喜欢说话"是幼儿的隐私,教师将之公布于所有的家长和幼儿面前,这也是对社会退缩幼儿的不尊重。对于社会退缩幼儿,教师应该激起他们参与班级活动和在班上说话的欲望,并且让他们从"说话"中获得成功的快乐——这就需要让他们具备相应的基础,比如,对教师的提问有所准备、有所了解等,这样,可保证幼儿在活动中获得成功的经验,从而使其更加渴望参与班级活动。

8. 矫正幼儿的社会退缩心理与行为,家庭大有可为

(1) 鼓励孩子多与同伴交往

家庭应改变孩子独处或仅与父母交流的环境,让他走出自我的小圈子,走出过度保护的封闭环境,多与小伙伴一起生活、游戏。父母可以经常有意识地邀请亲朋好友的孩子到家中来,提供一些玩具让孩子与小伙伴一起玩,使孩子逐步积累与小伙伴交往的经验,逐渐提高孩子与小伙伴交往的信心和技能。

(2) 常带孩子去公共场所

对于有社会退缩心理与行为倾向的孩子,父母要经常带他到公共场所,如去公园、逛商店、到亲友家或幼儿园的小伙伴家做客,也可让孩子独自到附近的商店、市场购买日常用品,这样,孩子接触的人多了,胆子会渐渐大起来,就能慢慢克服退缩心理。

(3) 到大自然中去

有些孩子之所以退缩，是因为对大自然不了解。因此，家长要多带孩子到大自然中去，认识自然变化，消除他们对大自然的神秘感和恐惧感，进而培养孩子适应环境变化的能力和勇气。

(4) 多给孩子讲些"勇敢的故事"

对于有社会退缩心理与行为倾向的孩子，应多讲一些英雄人物的英勇事迹，激励孩子学做英雄，敢作敢为；不要给孩子讲有关大灰狼、鬼、神等"吓人的故事"，以免在孩子的心灵深处留下恐怖的阴影。

(5) 让孩子拥有一些与其他孩子共有的爱好

如果孩子会游泳、会溜冰、会骑车，他就会有很多与同伴交往的机会。否则，他在同伴的活动中就只是个旁观者，不利于孩子融入群体之中。

(6) 回家路上的积极引导

家长在下午去接孩子回家的路上应该经常问一些有助于引导孩子积极与人交往的问题，如："今天你和哪个小朋友玩了？""今天你和小朋友们玩了什么有趣的游戏？""今天你和老师说了些什么？"这样问，有利于孩子发现与人交往的乐趣，进而不断激发孩子与人交往的欲望。

(7) 消除引发孩子社会退缩心理与行为的家教方式方法

为了帮助孩子走出社会退缩的心理倾向，家长应该放弃溺爱、粗暴、冷淡、急躁、严厉苛刻的教育方式方法，多以温暖的方式、鼓励支持的方式与孩子交流，培养孩子对新鲜事物的兴趣，形成热情、活泼、开朗的性格。

(8) 给孩子树立良好的榜样

为了孩子早日走出社会退缩的心理倾向，家长应该带着孩子走出小家，走进社会大家庭，积极参与社区活动，关心他人，关心社会，为孩子树立良好的榜样。

(9) 利用故事法引导孩子直面人际交往的困境

家长可以给孩子编讲这样的故事："有个小朋友叫晓晓，晓晓聪明可爱，爸爸、妈妈、爷爷、奶奶都很喜欢他。一天，晓晓在幼儿园里发现了一本很好看的小人书。可是，就在她看书的时候，另外一个小朋友过来了，他也要看这本书。这时，晓晓该怎么办呢？她可以想出几种办法来解决这个问题呢？……"家长可以把各种可能的方法编进故事中，当然也可以让孩子帮助晓晓想办法，想出的办法越多越好。通过讲这种故事，可以让孩子学习和了解一些解决人际冲突的方法。一旦遇到实际问题，孩子也就有了多种可供选择的解决方法。这样，孩子对人际冲突有了充分的心理准备，也就不会对人际交往产生恐惧心理了。

四、说谎

（一）幼儿说谎的表现

谎，即谎言，欺骗之言，是人为编造出来的不真实的话语。说谎则是指说假话骗人的行为。苏联著名心理学家彼得罗夫斯基认为："说谎是个体的一种心理特点，其表现是有意歪曲实际情况，竭力对事实和事件造成不正确的印象。"发展心理学家认为，说谎的概念须具备三个要素：①它确实是假话；②说的人明确知道它不是真的；③说的人希望听的人能够认为它是真的。只有在这三个要素都成立的情况下，我们才能认为某人说谎。

如果用心观察，教育者就会发现幼儿说谎时往往会在其语言和行为方面表现出如下一些迹象：

◆ 语言无组织性。在说谎时，幼儿的语言常常是分散的、不连贯的，甚至伴随而来的还有一些口吃或是多处的重复叙述。

◆ 只给出了一个简短、抽象的陈述。说谎的幼儿不知道该提供什么样的信息或者无法提供支持该特定情境的充足的信息，这时他就会感到陈述事件经过很困难，只能简短、抽象地进行陈述。

- ◆ 在陈述时出现降低语速的现象，"嗯"、"哦"之类的中断性填充词增多。
- ◆ 先叙述事件发生的经过，而后再做动作，并且动作很不连贯。因为事件没发生过，幼儿得先在脑海中构建这样的情境并且把它演示出来，这是需要时间的。
- ◆ 不断地眨眼睛。眨眼频率跟幼儿所承受的心理压力的程度密切相关。
- ◆ 眼神飘忽不定，眉毛高高竖起，眼睛睁得大大的，眼睛周围的一些肌肉绷得比较紧。
- ◆ 不敢和老师正面对视。由于内心紧张，幼儿说话时总是有意无意地避免与老师双目对视。
- ◆ 表现出一些习惯性动作，如挠头、频繁地触摸鼻子等。
- ◆ 幼儿有意回避相关话题。当老师与他谈相关问题时，他有意地将话题引开。

如果幼儿在叙述时表现出上述语言或行为特征，那么，我们可以断定幼儿是在说谎。

说谎是幼儿普遍存在的一种现象。曾有人做过这样一个实验，在一个盒子里放一件东西，对幼儿说："不许动它。"然后离开房间。经观察，90%的幼儿都去看了盒子里的东西，实验者回来后问幼儿："你动了这个盒子吗？"85%的孩子说："我没动过。"

不过，谎言会增加幼儿的心理负担，进而影响其心理健康。幼儿说谎后，有的陷入自相矛盾、难以自圆其说的烦恼之中；有的担心谎言被人识破而焦虑、恐惧，惶惶不可终日；有的说谎一次成功便想入非非，一发不可收拾而导致严重后果。

（二）幼儿说谎的原因

幼儿说谎的原因主要有以下八种。

1. 认知能力欠缺

　　幼儿会由于对经历过的事物记忆不清晰或时间概念掌握不准而造成说话不真实。如，一周前父母给朱军买了一辆漂亮的玩具小汽车，可是他告诉老师是昨天买的。这类"谎话"会随着幼儿年龄的增长、认识能力的提高而自然而然地消失。

　　幼儿容易把想象当成现实而说了假话。心理学研究表明，幼儿很难区别想象与现实的界限，他们常把想象与现实相混淆。他们的想象力有特殊的夸大性，希望自己的东西比别人的强，就拼命地去夸大，甚至自己也信以为真。如，有个小朋友说他家有一条很大的狗，方敏马上回应说："我姥姥家的狗可大了，像牛那么大！"一个幼儿说："我妈给我买了变形金刚。"另一个幼儿说："我家的变形金刚有柜子那么高。"在吃早饭时，晓玉煞有介事地说："昨天夜里，许多小矮人来到我的房间，女妖也来了，我们玩得可开心了。"这是晓玉听了《白雪公主和七个小矮人》的故事后产生的一种想象。小琪的妈妈答应她过生日时给她买一个漂亮的洋娃娃，她便告诉别人："我家有个洋娃娃，很漂亮，有两条小辫子，眼睛会一睁一闭的……"尽管当时家里并没有洋娃娃，但她心里总想着自己有个洋娃娃。随着幼儿认知能力的提高，把想象与现实相混淆的情况会逐渐减少，这类"说谎"就会逐渐消失。

　　由于幼儿年龄小，知识经验缺乏，往往对事物不能做出正确的判断，导致幼儿说话与事实不相符。如，妈妈让孩子去看水开了没有，孩子回来报告说："水开了。"妈妈过去一看，水并没有开，就生气地训斥孩子："你怎么骗我？水根本没开！"可实际上孩子之所以说水开了，是因为孩子根本就没有有关"水开了"的标准的知识，从而做出了错误的判断。

　　从严格意义上来讲，由于认知能力欠缺造成的"说谎"并不是真正意义上的说谎。因为幼儿在说这类假话时，他们并不明确地知道它不是真的，他们也没有故意骗人。

2. 出于自我保护

英国哲学家罗素说:"幼儿的不诚实几乎总是恐惧的结果。"美国儿童心理学家基·诺特说:"说谎是因害怕说实话而挨骂的避难所。"由于教育者过于严厉,有的幼儿犯错误后,为了逃避教育者的责备、惩罚而选择了说谎。请看下列案例:

案例 5-22

为什么幼儿不愿承认"错误"

老师在组织集体教学时,突然闻到一股臭味。老师判断肯定是哪个小朋友将大便拉在裤子里了。于是,她大声地问全班小朋友:"是哪个小朋友将大便拉在裤子里了?"所有的幼儿都异口同声地说:"不是我!"这时,老师有点生气了,她一面穿插着走在孩子们当中,一面不停地嗅。最后,她发现那股臭味在许小明身边特别浓,就大声地问:"许小明,你是不是将大便拉在裤子里了?"许小明怯怯地回答说:"不是我!"

许小明为什么明明把大便拉在裤子里了,身体那么难受,但仍然坚持说"不是我"呢?主要原因就是他曾经经历过把大便拉在裤子里,如实承认后的痛苦——被老师责骂、被小朋友取笑等,因此,他宁愿忍受大便拉在裤子里的不爽和痛苦,也不愿意承认事实。

有些幼儿经常在早上一起床就跟妈妈说:"我生病了。"其根本原因就是为了逃避令其痛苦的幼儿园生活,这也是一种自我保护式的说谎。

3. 虚荣心

现在许多孩子是独生子女,家长尽力满足孩子的各种需要,要什么买什么,生怕亏待了孩子,造成"攀比"之风盛行。在"你有我也要有"的心理支配下,有的孩子为了满足其虚荣心而说谎。如,小柯说:"我爸爸昨天给我买了一架会飞的玩具小飞机,很好玩的。"丁丁马上接过话说:"我家有会飞的飞船，还有电动小汽车呢！"其实，他家里并没有飞船，更没有电动小汽车。

案例 5-23

吹　牛

甲幼儿：我爸爸给我买了一辆红色的小汽车，可好玩了。

乙幼儿：我爸爸也给我买了玩具，是会动的奥特曼！

甲幼儿：哼！我爸爸是司机，会开汽车来接我，你爸会吗？

乙幼儿：哼！我爸爸有飞机，会开飞机来接我！

甲幼儿：我爸爸有飞船，会开飞船来接我！

……

这两个幼儿吹牛说谎的根本原因就是为了"虚荣"，一个想压倒另一个。

4. 报复心

童小童和何小锰打架了，吃了亏的何小锰先去向老师告状说童小童打了他，其实是他先打童小童的。何小锰说谎是为了报复童小童，他希望获得老师的同情和支持，帮助他去惩罚童小童。

5. 逃离困境

教师在组织集体教学活动时，经常有幼儿报告："老师，我要尿尿。"可是，他们到了厕所并不尿尿，而是在那里"放风"或者玩水。其中的主要原因是教师正在组织的集体教学活动对他们没有吸引力，使他们感到无聊、乏味——去尿尿只是个借口，即使幼儿不以某种借口逃离，也会人在心不在——教师在上课，幼儿却在想着课堂外面的事情。

6. 为了达到个人的某种目的

有一次，幼儿正在画画。教师为鼓励画得慢的幼儿，说谁先画好就可以先去玩游戏。话刚说完，好几个幼儿都说自己画好了。教师走过去一看，他们并没有画好，只是胡乱地涂了一通。为了能够早点玩游戏，他们有意说谎以达到自己的目的。

又如，有个幼儿在教师指导大家剪小红星的过程中，留下一颗小红星放进口袋，回家后向妈妈夸耀："妈妈，我今天得了一颗小红星。"妈妈说："得了小红星不是要贴在'好孩子'专栏里吗？"孩子说："老师叫我拿回来让爸爸妈妈看的。"该幼儿说谎的目的是为了得到爸爸妈妈的表扬。

7. 说谎是被教师"教"或"逼"出来的

案例 5-24

老师教孩子们"口是心非"

闫老师给孩子们讲完《孔融让梨》的故事后，向全班孩子提出了一个问题："如果现在有两个苹果，一个大，一个小，那么，你拿哪个呢？"令闫老师感到满意的是，90%的孩子都说："我把大的给别人，把小的留给自己。"

午饭时间到了，闫老师给小朋友们分花卷，有几个小朋友嚷着要吃大的，闫老师气得把饭盒一撂，板起面孔瞪着他们。正当闫老师气冲冲地要批评他们时，有个叫雷蕾的小朋友红着脸轻声地对闫老师说："闫老师，我要吃小的。"听了这句话，闫老师的心里比吃了蜜还甜，毕竟还有个懂事的孩子。闫老师一高兴马上夹了个最大的花卷给雷蕾，并故意大声地说："雷蕾小朋友真是懂事的好孩子，她说要小的花卷，我偏要给她一个大花卷吃。"

谁知闫老师的话音刚落，别的孩子包括刚才嚷得最凶的牛勇在内，全部改口说要小的了——那一双双本应天真无邪的眼睛中流露出与他们的年龄和心智极不相称的狡黠……

当轮到牛勇拿花卷时，闫老师夹了一个最小的给牛勇，但牛勇不肯伸手接，他目光犹疑，仿佛在问："我都说了要小的，你怎么不给我大的呀？"

案例 5-25

难道谦让就得说谎吗

老师在给小朋友们分苹果。

老师：你要哪个苹果？

幼儿：大的，最大的。

老师：聪聪，你应该懂得谦让，你应该说要一个小的！

幼儿：难道谦让就得说谎吗？

老师无语。

我们的教育在有意无意中"教"甚至是在"逼"着幼儿说谎。

◆ 在打针时，老师问孩子们痛不痛，孩子们为了表现勇敢并得到老师的表扬而异口同声地说："不痛，一点儿也不痛！"

◆ 快要到户外自由活动时间了，老师问孩子们："等一下我们到户外去玩轮滑好不好？"有个小朋友说："不好！我想骑三轮车！"老师瞪了他一眼，这个小朋友只好说："好！"

◆ 午饭前，老师介绍完午餐的菜名后，问小朋友们："今天吃……小朋友们高兴不高兴呀？"其中有个小朋友大声说："不高兴！我在家里从来不吃……"后来在老师的教育下，孩子终于勉强地说："吃……真高兴！"

◆ 有客人老师来听课，上课前，老师问："那么多客人老师来听课，大家高兴不高兴呀？"其中有个小朋友说："不高兴！"大家都用异样的眼光看着他，他只好低头不语。

◆ 在幼儿园里，老师常告诉小朋友们：撒谎的孩子要长长鼻子、要被狼吃掉。一旦孩子说了一次谎话却没长长鼻子，也没被狼吃，其后果是什么？一个朋友的孩子听了关于"长鼻子"的故事好多次。有一次，故事讲到木偶的爸爸卖了棉衣去买课本，又为了不让木偶难过就说了一句谎：爸爸不怕冷。朋友的孩子便问："木偶说谎长长鼻子，他爸爸说谎鼻子怎么就不长长呢？"

许多时候，我们没有尊重幼儿从心灵深处发出的真实的声音，总以我们的思维定式去强行改变幼儿发出的真实的声音，这也是导致幼儿言不由衷，睁着眼睛说瞎话的一个重要原因。

8. 教育者的言行不一

教育者也时常说谎，这让幼儿无法辨别说谎到底是好还是坏。如，爸爸明明自己在家，可别人打电话来时，却让妈妈说自己还没回家；明明东西好好地躺在柜子里，可当别人来借用时，妈妈却说东西在姥姥家等。家长的这些说谎行为，被孩子看在眼里、记在心里，机会成熟时孩子就会仿效，因而也学会了说谎。还有些家长，轻易地向孩子许诺却不兑现，如"乖乖睡觉，不要再闹，明天我就给你买好看的卡通片"等。可第二天呢，由于诸多原因，家长并没有兑现诺言。经常出现这种情况，孩子就感到家长说话不算数，在无形之中仿效，就养成了说谎的习惯。因此，当孩子说谎后，面对家长的质问，他会一脸无辜地反问："爸爸和妈妈不也经常这样吗？为什么你们能说谎我就不能说谎？"

案例 5-26

真实的谎言

公开课《认识影子》快要结束时，老师对孩子们说："今天的课就要结束了，最后我们一起到草地上去玩'踩影子'的游戏，好吗？"孩子们异口同声地说："好！"

孩子们欢呼雀跃着，一边向客人老师挥手再见，一边跟着科学老师离开了小礼堂。

但是科学老师并没有带他们去草地上玩"踩影子"的游戏，而是带他们回到了自己班的活动室。

我问上课的老师:"你为什么不把孩子们带到草地上去玩'踩影子'的游戏,而是把他们带回活动室呢?"她说:"因为后面还有一节课,孩子们到草地上去玩,就会耽误下一节课的时间。"我又问:"那你为什么要那样跟孩子们说呢?不说不可以吗?"她说:"我那样说是为了体现'活动设计的整体性'。"我又问:"那么孩子们会有意见吗?"她说:"不会有意见的。孩子们也都知道后面还有一节课,要回到活动室。"

这节公开课首先公开了幼儿园教育中的一个真实的谎言:言行不一——说一套,做一套。小朋友们都已经习惯于在这种"谎言"的背景下生活,以至于老师说谎——不按诺言带他们去玩他们感兴趣的"踩影子"的游戏,他们也毫无怨言。

(三)幼儿说谎与教育

根据幼儿说谎的原因及其身心特点,我们可以通过如下措施对幼儿进行有针对性的教育。

1. 帮助幼儿区分现实和想象

当幼儿因混淆想象与现实而"说谎"时,教育者不要训斥幼儿,而要引导幼儿重新认识自己的所作所为,知道自己所讲的事情在哪些地方与现实不一样,当幼儿讲述真实情况时,要对其坦诚的态度给予赞同和肯定,让幼儿逐渐把现实与想象区分开来,并引导他们正确地表达自己的想象。

2. 要善于发现幼儿的说谎行为

幼儿说谎时,总会显得比较紧张,怕被教育者识破而遭到训斥,但也总抱有一丝侥幸心理。最初几次说谎,如果因没被识破而逃过了批评,就相当于变相地鼓励其继续说谎,幼儿就会觉得教育者是"好骗的"、"可欺的",就会暗自得意,胆子也就越来越大,谎话越说越多,越编越像;如果说谎被及时识破，受到相应的批评，幼儿就不敢轻易地再说谎了。

教育者根据幼儿的言行特点，会很容易发现幼儿的说谎言行，但当发现孩子说谎时，教育者不应在众人面前当众揭穿，更不应该当众批评，而应选择适宜的时间和幼儿进行单独交流，尽量从幼儿的视角去看待问题，弄清幼儿说谎的原因，尊重并保护幼儿的自尊心，并在此基础上采取相应的纠正方法。

3. 根据幼儿说谎的动机进行有针对性的教育

当发现幼儿说谎后，教育者要了解幼儿说谎的内在动机是什么，然后再进行有针对性的教育——幼儿的合理心理需要应该得到合理的关照。幼儿因自我保护而说谎，说明他们缺乏心理安全感，说明他们的安全需要没有得到关照；幼儿因虚荣心而说谎，说明他们的尊重需要、成就需要、自我表现需要没有得到很好地满足。当幼儿相关的心理需要得到了比较充分的满足后，他们就不会为此而去说谎。

4. 因材施教

在矫正幼儿说谎心理与行为的过程中，还应该根据幼儿的不同性格实施不同的教育。如，有些幼儿的性格较为软弱、敏感、内向，把什么事情都放在心里，教育者纠正其说谎行为时应循循善诱、晓之以理、动之以情，那种"恨铁不成钢"、"急于求成"的方式往往适得其反，不过，这样的幼儿在接受了教育者的教导后，往往会做得特别好，几乎不会再犯同样的错误了。而对于那些活泼开朗、外向的幼儿，教育者在与他们谈论说谎事件时固然不必小心翼翼、如履薄冰，但由于这些幼儿把什么事情都不放在心里，大大咧咧的，所以需要教育者时常叮咛，以帮助他们彻底放弃说谎行为。

5. 借用文学作品帮助幼儿克服说谎的心理

不管在幼儿园还是在家里，幼儿最喜欢听故事。《狼来了》、《手捧空花盆的孩子》、《诚实的列宁》等优秀文学作品讲的都是为什么要做一个诚实的孩子、怎样做一个诚实的孩子。要让孩子多听这方面的故事，体会故事的含义，在日常生活中根据故事的启示来约束自己，做诚实的孩子。

6. 创造一种民主、宽容、支持、体谅的心理环境

在这样的家庭氛围中,幼儿不会一做错事就产生害怕、恐惧心理,而是会将自己的困扰、忧虑、羞愧告诉教育者,因为他们信任教育者,确信教育者会陪伴他们、支持他们、给予他们解决问题的力量和智慧。

幼儿说谎的实质是在恐惧心理支持下采取的一种自卫策略,幼儿说谎的时候存在一种矛盾心理,想认错但又怕失去信任,缺乏勇气。此时,教育者应该以宽容的心给其爱的抚慰,抓住幼儿说谎时的矛盾心理,消除幼儿说谎的心理刺激动因,缓解幼儿犯错误后的紧张情绪和较大的心理压力,在这样宽松的环境里,幼儿就不用担心犯错误后说实话受罚而冒险说谎,这样,幼儿的说谎现象自然会减少。

幼儿说谎在很大程度上与教育者的严厉要求有关。如果教育者的责备过多、要求过严、惩罚过严,幼儿就会为躲避批评或惩罚而说谎。因此,教育者要正确对待幼儿所犯的错误:幼儿所犯的一切错误都是可以得到原谅的,关键是要让幼儿从自己所犯的错误中获得成长的经验与勇气,而不是在幼儿犯错误后给予相应的处罚。

因此,教育者应正确引导和谅解幼儿的过失行为。比如,当看到幼儿把牛奶弄洒在桌面上,而他却声称"不是我洒的"时,教育者不应特别关注他说谎的事,而应努力解决眼前的问题。可以先告诉幼儿:"我们去拿抹布把桌面擦干净吧。"这种方式能避免直接与幼儿就谁洒了牛奶而发生争执,也把幼儿的注意力转移到把桌面收拾干净的事情上去。教育者应鼓励幼儿说实话,可以用语言告诉他:"牛奶洒了没有关系,我们可以擦干净,但你要说实话,不论你做错了什么,我都爱你。"这样,幼儿在犯错误后才会轻松地承认错误。教育者一定要及时表扬幼儿说真话,这对激励幼儿坚持说真话有很好的效果。

7. 家园互相配合,互相支持

教师和家长经常沟通幼儿在园和在家的情况,有利于更好地教育幼儿。如果家园不能合力,那么教育的力量和效果就会相互抵消。对于幼儿说谎,家园应该互通情况,并且对幼儿说谎的特点及原因、幼儿说谎时的表现、幼儿说谎的危害、幼儿说谎的矫正措施(家园各自的责任和共同的责任及具体做法)等形成共识。在矫正幼儿说谎的问题上,教师该做的不仅仅是向家长提出问题,还要从专业的角度向家长提供有效的解决问题的措施。

案例 5-27

老 师 打 我

有一天晓月回家对妈妈说:"妈妈,老师打我,我不想去幼儿园了。"妈妈听后非常生气,不分青红皂白地就直接找到园长讨说法,坚持要退园。园长叫老师过来对质,老师说:"我没有打过她!"家长坚持认为:自己的孩子年纪那么小,是不会说谎的,孩子嘴里吐出的句句是真言。老师说:"我以我的人格担保,我没有打过她!"家长却说:"人格值几个钱,我不相信你的人格!"最后,老师站到窗口对家长和园长说:"你们不相信我,我从这里跳下去给你们看看……"

在上述案例中,家长和幼儿园之间之所以出现这么大的误会和冲突,主要原因就在于教师在事前没有用自己的专业知识来引领家长,没有让家长对孩子的说谎行为有一个正确的认识。因此,家长和幼儿园在教育上达成共识非常重要,在这方面,幼儿园特别是教师应该起到主导作用,因为幼儿园是幼儿教育的专业机构,教师是幼儿教育的专业人士,幼儿园和教师有义务与责任向家长普及幼儿教育专业知识,以便与家长在教育幼儿方面形成共识,更好地促进幼儿的健康发展。

8. 教育者要给幼儿以良好的榜样示范

一位美国心理学家对成人说谎情况的调查显示,美国成人平均每天要说20句谎话,一周之内要撒12次较大的谎。这说明,常说谎、说大谎、说恶谎的往往是那些总是斥责孩子说谎的成年人。因此,教育者首先应该自省、自律要注意时时处处事事以身作则,诚实做人,诚实待人,言行一致,为孩子做出良好的榜样。

- ◆ 说到的,就要做到;做不到的,就不要说。
- ◆ 向幼儿许诺的事情一定要兑现,否则就不要许诺。
- ◆ 不要以为自己的伎俩高明,就可以随便骗幼儿,不要以为他们什么都不懂。
- ◆ 教育者不要以"说谎"为手段来达到自己的教育目的。

案例 5-28

蝴蝶也来听课了

春暖花开的时节,我和十几位园长、教研员到某幼儿园听语言课。

当李老师用生动的语言和丰富的表情讲故事时,孩子们听得很专心。但好景不长,李老师的故事刚刚讲到一半,一只从窗户误闯进来的蝴蝶进入了孩子们的视线——所有孩子的注意力都转向了这只美丽的花蝴蝶。

李老师看到这种场景,灵机一动说道:"孩子们快看,小蝴蝶也来听课了,它是来看看哪些小朋友在认真听讲,哪些小朋友没有认真听讲,我们要好好表现给蝴蝶看哦。"话音一落,孩子们的注意力马上转向了老师讲的故事……

评课时,到场的园长和教研员都认为李老师很有教育智慧。

李老师运用"说谎"来转移孩子们的注意力,最终达成了预设的教育目标,完成了教学任务,但这样做会让孩子们的价值观念出现混乱。

应该防止幼儿从教育者身上习得普遍存在于成人世界的所谓"善意的谎言"。因为在对待说谎的问题上,我们要坚持的是诚实原则,无论在什么情况下,说谎总是不好的——无论是不是善意的,说谎都是不好的行为,都不应该成为抛弃诚实原则的理由,这是人们普遍认同的道德理念。

因此，出于善意的考虑，我们选择的不应是说谎，而应该考虑用什么样的方式说出真话。我们不能选择说谎，但是我们可以选择以什么样的方式，在不伤害别人自尊的前提下告知真相。大前提的道德原则必须坚持，而说真话的方式却可以自由选择，例如，用较为委婉的方式，或者用较为温和的方式，或者选择一个适当的时机而非当着众人的面等，而这些才是教育者在教育幼儿的时候要特别注意的。

案例 5-29

无言之美

著名特级教师祝禧在上《燕子》一课时，让学生品味作者描绘燕子的语句，然后问学生读了以后有什么体会。一位学生说感觉很美。祝老师追问美在什么地方。该生说，他说不出来，反正就是觉得很美。祝老师赞叹道："这种说不出来的美是一种大美。"

上述案例虽然不是幼儿园教育的案例，但它为我们提供了一种教育机智，那就是尊重受教育者的感受，尊重他们内心的表达——虽然他们的表达可能不是我们原来所预设和追求的"标准答案"——就是让受教育者讲真话，而不是讲假话。

案例 5-30

爸爸、妈妈都是骗子

朋友的丈夫经常用大灰狼来吓唬儿子，朋友的儿子很害怕大灰狼。后来，老师讲狐狸的时候，朋友的儿子就问："老师，狐狸会不会跑到教室里来？"老师回答说："当然不会。狐狸在森林里或是在公园里，哪会跑到教室里来？"朋友的儿子经过推理，认为大灰狼也不会。回家后，朋友的儿子对爸爸妈妈说："爸爸、妈妈都是骗子，狐狸在森林里、在公园里，不可能跑到这里来，大灰狼也是!"

朋友夫妇听后很是惊愕。

五、说脏话

(一) 幼儿说脏话的表现

案例 5-31

说脏话大赛

在区域活动中壮壮和晨晨因争抢玩具而发生了争执,彼此都对对方心存不满。壮壮说道:"是我先看到的。"晨晨对壮壮吼道:"不是的,是我先拿到的,为什么要给你啊?"壮壮反击道:"是我先看到的,当然是我的。"晨晨大喊:"是我先拿到的,就是我的。"壮壮气愤极了,说:"傻瓜,大笨蛋!"……没过多久两人的争辩竟变成了说脏话大赛。

像上述案例中以互骂脏话来代替争论的现象在幼儿园里时常会看到。

脏话是指人们在语言交际中使用的不文明、不礼貌的甚至是下流的词语或句子。根据幼儿的心理发展水平,可以把幼儿说脏话分为三种类型:模仿性说脏话(由于幼儿缺乏相关的是非观念,别人说骂人的话,他觉得很好玩,也跟着骂人,这是孩子说脏话的一种普遍心理)、习惯性说脏话(如果幼儿模仿性说脏话得到成人的默许或者赞赏,那么,幼儿说脏话就会成为一种习惯)、有意识地说脏话(幼儿已经理解脏话的含义和意义,这时,他们说脏话具有一定的选择性,他们针对不同的对象、不同的情景说不同的脏话来刺激、诋毁或羞辱对方)。

经常说脏话,会让幼儿习得不文明的与人交流的方式;同时,相互攻击、相互谩骂，也不利于文明、和谐的人际关系的建立；另外，说脏话是一种粗俗恶劣的行为，也是一种对他人人格及心理的攻击性行为，脏话最突出的是拿性和生殖器来做攻击手段，很不利于幼儿心理的健康发展。

言为心声。一个人的语言文明程度代表着一个人的文明修养水平，说脏话往往会影响别人对说脏话者的评价以及对他的态度，导致其人际关系不佳，在集体活动中被排斥。

案例 5-32

脏话引发冲突

昆昆下午在建构区玩时，一不小心碰了悦悦一下，悦悦朝他翻了一个白眼，还顺便骂了他一句："你眼睛瞎了呀？笨蛋！"昆昆也不是省油的灯，马上回了一句："你才瞎了眼呢！蠢驴！"这下可惹恼了悦悦，她冲过来就把昆昆正在搭的小火车弄塌了。看到自己半天的劳动成果全部付诸东流，昆昆扬起手就向悦悦打去，结果招来老师的一顿教训。昆昆气愤极了，可又不敢跟老师顶嘴。

可见，说脏话不仅不能化解矛盾，反而会激化矛盾，甚至还会造成冲突。

（二）幼儿说脏话的原因

研究表明，幼儿说脏话的主要原因有如下六种：

1. 模仿

幼儿具有很强的模仿能力，同时他们又喜欢模仿。由于他们的是非判断能力不强，好的榜样他们模仿，不好的榜样他们也模仿；而幼儿说脏话绝大多数都是通过模仿学来的——几乎没有哪个父母和老师有意地去教幼儿说脏话。幼儿说脏话，可能是有意模仿学会的，也可能是无意模仿学会的；可能是模仿成人，也可能是模仿小伙伴，还有可能是模仿影视人物。如，有一天，章容的妈妈在幼儿园里听到自己的孩子说了一些让她目瞪口呆的脏话，在回家的路上，妈妈问章容："那些脏话你是从哪儿学来的？"章容回答说："大家都说啊！小敏说，小然也说！"妈妈又问："是吗？可是你知道那些脏话是什么意思吗？"章容回答说："不知道，别的小朋友都说，所以我也跟着说，就是觉得好玩。'×××！''××××！'妈妈，你也觉得很有意思吧？"其实，绝大多数幼儿说了脏话并不懂得其中的意思，只是模仿，觉得好玩。

2. 引人关注

有些幼儿说脏话的动机是想引起他人的关注。我们时常看到一些小朋友有意在小伙伴面前说脏话，他说了脏话后小朋友们都笑他，他不仅不难过，反而有一种满足感。另外，幼儿说脏话的目的也可能是让教育者关注他，因为他说脏话后，教育者会在他身上投入更多的时间和精力，纠正或劝告他，要求他不要说那样的话——这些都刚好满足了他被关注的需要。

3. 宣泄内心的不满情绪

说脏话是幼儿发泄内心的不满情绪的一种方式，说脏话在一定程度上可以舒缓幼儿紧张的心情。当幼儿无法表达自己心里的不满，而说脏话能让对方生气时，他们的情绪就能得到释放，于是他们会重复地做这样的事情。如，彤彤的妈妈对孩子要求很严格，孩子做得不好就会挨批评，有时甚至挨打。后来，彤彤不知从哪儿学会了一句脏话，妈妈批评她时，她就说脏话。她发现说脏话能刺激妈妈——妈妈听后很生气，于是，她就反复地说，以此来控制妈妈的情绪。教育者越是阻止幼儿说脏话，他们越要说，这是一种对抗的行为。

4. 从众，寻求群体认同

从社会心理学的层面来看，说脏话是幼儿获取他人认同的一种方式。根据社会学的研究，在特定的情境下，脏话可以帮助个人获得群体的认同感，获得必要的社会资源。如，在幼儿园里，梁宏伟找小琼要玩具，小琼不给，梁宏伟就说："小气鬼，喝凉水。"与梁宏伟要好的胡兵在旁边跟着说："小气鬼，喝凉水。"其他几个旁观的幼儿也跟着说："小气鬼，喝凉水。"胡兵和其他小朋友说脏话就是出于一种从众和寻求同伴认同的心理。

5. 想显示自己具有"大人"的能力和特点

说脏话满足了幼儿渴望具有成人的行为和品性的需要。幼儿都渴望快点长大，他们对成人的生活很羡慕。在日常生活中，他们发现几乎所有的成人都说脏话，为了让自己像成人，他们也就尝试着说脏话并以此为荣。

6. 贬低别人提高自己

有些时候，幼儿对别人骂脏话，是为了贬低别人、提高自己。比如，骂别人是"笨蛋"、"蠢驴"、"王八蛋"等。

（三）幼儿的说脏话行为与教育

根据幼儿说脏话的原因及其身心特点，我们可以通过如下措施对幼儿进行有针对性的教育。

1. 净化语言环境

幼儿说的脏话主要是模仿来的，要及时找到模仿的对象，净化语言环境。

要求幼儿不能说脏话，教育者（包括家长和教师）首先不得说脏话。教育者要给幼儿做良好的示范，不能搞双重标准——一方面不允许幼儿说脏话，另一方面教育者却出口成"脏"。有的话教育者觉得不是脏话，经常挂在嘴上，却对幼儿产生了不好的影响，比如"蠢驴"、"笨猪"、"小肥猪"等。如果高标准地要求幼儿、低标准地要求自己，会引起幼儿的不满，有损教育者的威信。因此，教育者自己要使用文明用语，净化幼儿园和家庭的语言环境。

平时在家里，家长不要当着孩子的面讲东家长、西家短，特别是在争吵时不要为图一时痛快说话不干不净；有些父亲当着孩子的面侮辱自己的妻子，有些母亲则当着孩子的面辱骂丈夫。研究表明，那些家庭不和、经常争吵打闹的家庭里的孩子讲脏话的也最多。

如果幼儿的脏话是从幼儿园里的伙伴那儿学的，那么，教师应采取有效措施，及时制止幼儿说脏话；如果脏话是从影视作品中学来的，那么，教育者就要做好影视与幼儿之间的"过滤器"，慎重地为幼儿选择合适的影视节目，当影视作品中出现低俗的语言时，教育者要提醒幼儿不要乱模仿。

2. 教会幼儿用恰当的话语表达内心的感受和要求

幼儿最初说脏话是由于没有学会运用友善的语言表达自己的意思。因此，教育者需要帮助幼儿学会掌握友善地与人说话的技能，让幼儿学会文明待人、礼貌待人。教育者要引导幼儿用文明的话语表达自己的想法和情绪，比如：说"请你走开，让我安静一会儿！"，而不是说"滚开！"；说"你不讲道理，我很不高兴"，而不是说"你不是人！"、"你是浑蛋！"等。这样，幼儿掌握在各种场合使用的文明用语后，在处理各种矛盾和冲突时，就能灵活地运用文明用语，而不是用说脏话来应对。

文明礼貌用语反映了一个人的内心修养。要让幼儿多说："请你帮我……好吗？""请你……好吗？""谢谢！""对不起！"……要让幼儿学会用商量的口气、温暖的方式与同伴交流，而不是用生硬的句子或者强硬的命令语气来与同伴交流。

如果幼儿说脏话的目的在于引起小伙伴发笑或兴奋，那么，教育者可以让他唱有趣的儿歌、讲有趣的故事或者在游戏中带领小伙伴们欢快起来。

3. 忽视

当幼儿说脏话是为了引起关注的时候，最有效的教育方法就是忽视他。

如果幼儿说脏话是想引起别人特别是教师的关注时，教师表现出过度紧张或气愤的样子就正好让幼儿达到了目的——得到了关注，幼儿就会不断地说脏话来获取其想得到的关注。如果有幼儿来告状，说××说脏话，教师可冷静地告诉告状的幼儿："我听到了，我不理睬他，你也不要理他！"另外，即使幼儿最初说脏话并不是想引起教育者关注，但他说脏话后，教育者过于强烈的反应也会让幼儿觉得奇怪，进而重复说脏话的欲望更加强烈。因此，当听到幼儿说脏话时，教育者应该做的就是尽量保持平静，不生气、不批评，也不要和他讲道理，要假装没听见，对他不理不睬，慢慢地，幼儿觉得没趣，自然就不说脏话了。

4. 移情

有一位家长发现他的孩子和小伙伴交流时，经常开口闭口都是骂别人妈妈的话。在启发孩子改正骂人的缺点时，她引导孩子设身处地地为被骂的人想想。她问孩子："你爱妈妈吗？"孩子不假思索地回答："爱！"妈妈问："要是有人骂我，你怎么办？"孩子毫不犹豫地回答："我去骂他！"妈妈说："那你经常骂别人的妈妈，别人就该骂我了。"孩子被问住了，妈妈又对孩子说："骂别人的妈妈就等于骂自己的妈妈，你以后多想着别让妈妈挨别人骂，就不会随口讲脏话了。"孩子听了这番教导，逐步改掉了说脏话的坏习惯。

5. 榜样——模仿

教育者可通过向幼儿提供影视、文学作品、现场模拟等榜样，让幼儿观察、模拟不说脏话处理同伴冲突的方式或发泄内心不满的正确方式，如愤怒、不满时找人倾诉或者和喜爱的玩具说话等，进而形成良好的行为方式，改掉说脏话的不良行为方式。

6. 改变错误的认知

这是通过纠正幼儿不合理的思想观念或信念来改变他们爱说脏话的一种方法。它强调通过直接干预和重建等手段来改变幼儿关于说脏话的错误认知，从而改变幼儿爱说脏话的倾向。请看以下案例中的一位母亲是如何通过语言纠正孩子的错误认识的。

案例 5-33

母亲给孩子纠正错误

"孩子，你刚才说的那句话，用的词很不好，你知道我说的是哪个词吗？"

……

"这是一些大人说的,你是孩子,不能说这个词,知道吗?"

……

"为什么不能说呢?因为你是孩子,你说了,别人会说你不懂怎么说话,说你没有修养,别人会看不起你!"

……

"你愿意让别人看不起吗?"

……

"那么,你应该怎么说?说给妈妈听。"

……

"对啦!这样说才是好孩子。"

上述这位母亲明确地让自己的孩子知道说脏话的坏处和一个懂文明礼貌的孩子应该怎样说话,明确表示自己的态度,从正面教育孩子改变自己的行为。

7. 不良环境的隔离

有不少幼儿说脏话是由于受到不良环境的影响所致,因此,为了避免幼儿养成说脏话的习惯,应让幼儿与不良环境隔离,如少让幼儿与那些爱说脏话的孩子一起玩,偶尔和他们在一起玩,教育者也要提前给孩子"打预防针";不让幼儿看说脏话的影视作品,如果看到影视作品里有脏话,教育者要告诉孩子对脏话的正确态度;另外,教育者不要在幼儿面前说脏话。

8. 渐进式改造

案例 5-34

改变小翠

小翠被小伙伴讥为长舌妇,人缘极差,因为她经常对小伙伴破口大骂。老师对她无可奈何,于是请教专家。专家告诉老师说:"骂人已成为小翠的习惯，用某种策略限令她即刻改掉，可能性不大，也有点不近情理。"

在专家的指点下，首先，老师观察小翠一周，发现她每天骂人超过10次；其次，向小翠说明骂人的行为不好，从即日起，凡一天骂人的次数少于6次，就奖给她贴纸一张，超过6次则罚她倒垃圾。

实施一段时间后，效果虽有，但进步不大。后来专家建议增加社会性强化物，达成目标的第二天早上第一次教学活动时，全班为小翠鼓掌，结果效果非常好。

如此，小翠连续两个星期达到目标行为后，逐渐将次数减为8次、6次、4次、2次、1次，最后小翠改掉了骂人的习惯。

对已经形成爱说脏话习惯的幼儿的改造一定要有耐心，一定要循序渐进，因为坏习惯不是一天形成的，要改变它也不要指望一两天就完成。另外，"物质强化＋精神强化"会收到意想不到的效果。

9. 正确应对家长对说脏话的抱怨

如果有家长抱怨他的孩子从班级的其他孩子那里学会了说脏话，教师可以让家长一起来解决问题。

◆ 感谢家长对班级里的孩子说脏话问题的关注。

◆ 告诉家长你也很关注班级里的孩子说脏话的问题，并向家长说明你应对的策略与方法。

◆ 询问家长有什么好的建议。

◆ 询问家长你可以为他的孩子做些什么。

发现孩子的问题不是最重要的，最重要的是采取有效的解决问题的措施。

六、不爱分享

（一）幼儿不爱分享的表现

谈到"不爱分享"，我们不得不先谈谈"分享"这一概念。分享是人类的一种亲社会行为，指个体主动自愿地与他人共享资源，并从中获得愉悦和满足的社会行为。从内涵来看，分享至少应具备以下三个方面的特征：一是主动自愿；二是与他人共享；三是内心产生愉悦的情感体验。从其结果来看，分享行为最终导致资源由双方共同享受，而并非把资源的所有权由一方简单地转给另一方。分享有助于更好地与他人交往，有助于与他人建立良好的人际关系，以适应社会生活的需要。而幼儿不爱分享则有碍幼儿与他人交流，有碍幼儿与他人建立良好的人际关系。

不爱分享是指幼儿不愿意让其他幼儿使用自己正在使用的材料，或者不愿意让其他幼儿分享自己的私人物品的倾向。如，某幼儿抢先将最后剩下的积木全拿在手上，然后对那些想要积木的小朋友说："这些积木都是我的！"

在幼儿园里，我们时常看到幼儿不爱分享的如下表现：

◆ 通过语言告诉其他小朋友，他正在用的东西是属于他的，其他人不能拿。
◆ 打想要这些东西或拿这些东西的小朋友。
◆ 尖叫或大哭。
◆ 用手抱住这些东西，怒目而视或十分机警地看着那些想抢夺的小朋友。
◆ 把这些东西抱到一个封闭、不受打扰的地方。
◆ 当其他小朋友走近时，赶紧抱住这些东西。
◆ 拒绝老师提出的轮流玩的建议。

案例 5-35

逃 离

在万圣节到来之际,幼儿带来了各种各样的面具举行化装游戏活动。敏敏带来了芭比娃娃、白雪公主等漂亮的面具。游戏开始了,敏敏的脸上戴着白雪公主面具,手里分别拿着自己带来的芭比娃娃、小动物等几个不同的面具。伊伊跑过来对敏敏说:"小敏,你能不能把芭比娃娃的面具借我戴一下?"敏敏摇摇头,转身跑开了。

案例 5-36

拒 绝 分 享

在自主区域游戏中,玲玲、辉辉和青青在玩宝高桌面游戏。他们把一筐宝高玩具分成三份,分别放在自己的面前。辉辉正在组装一辆坦克,但他面前的宝高玩具不够。于是,他伸手到玲玲面前去拿,但玩具被玲玲"保护"起来了。辉辉边哭边说:"我就借一下,老师说好东西要大家分享的。"

(二)幼儿不爱分享的原因

研究表明,幼儿不爱分享的原因主要有如下几种:

1. 虚伪的分享教育

案例 5-37

不懂事的叔叔

杨威很有礼貌。爸爸的好朋友来家里做客,奶奶摆出苹果,杨威拿了最大的一个苹果递给客人叔叔。叔叔很高兴地接过来吃,杨威却愣住了,随后大哭起来。

客人叔叔感到莫名其妙。

杨威之所以哭，是因为客人叔叔吃了他最喜欢的水果。可能你会问："不是他主动拿给客人叔叔的吗？"这没错，是杨威主动拿给客人叔叔的。但以前杨威所获得的经验是：他主动拿给大人，大家都会夸他是个好孩子，但都不会真的吃他的东西。如，奶奶经常对杨威说："给奶奶一块饼干好不好？"等到孩子真的拿给她时，她又不要了："乖乖，你吃吧，奶奶不要，奶奶逗你玩呢！"这种"逗孩子玩"的行为不是在培养孩子的分享意识，而是在扼杀孩子的分享意识。在逗弄孩子分享的过程中，孩子的分享行为得到的却是被欺骗，而不是对方因为他的分享行为而感觉到愉悦的分享结果，久而久之这种不断的刺激会造成孩子对分享行为本身丧失愉悦感，从而破坏孩子正常的分享意识的建立。

2. 家长错误的教育观念

有的家长在教育孩子时会对孩子说："这是你的东西，你不能给别人。别的小朋友要是抢你的，你就跟老师说。"结果孩子就会说"妈妈说，玩具给别人玩会弄坏的。""妈妈说巧克力都给我吃，大人不要吃，我吃多少都没关系。""我妈妈说自己玩自己的。""姥姥说别人会搞坏我的玩具。""如果我把东西给别人，爸爸会打我的。"家长如此教育孩子，孩子当然就学会了独享、独占。

3. 教育者强迫幼儿与同伴分享

教育者在反复温和劝说无效的条件下，往往会采取一些强制措施让幼儿将自己心爱的东西与人分享。这种强制性的分享忽略了分享行为给幼儿带来的快乐。在日常生活中，我们时常看到很多家长大力劝诫孩子把手里的玩具或糖果交出来与大家分享，孩子明明不乐意，甚至眼泪汪汪的，家长却百般劝慰，甚至强行夺取分给其他小朋友。其实这样的"分享"已经完全丧失了分享的意义，使幼儿将分享和痛苦画上等号，孩子既恨"分享者"，又恨教育者，甚至还讨厌分享行为，今后将更加不愿意与人分享。

案例 5-38

你应该跟其他小朋友分分

有一天，夏晓宇带来了小零食，他本不愿意分给其他小朋友，但尉老师却用命令式的口气跟他说："跟其他小朋友分分，不然你也别吃！"夏晓宇将小零食放进自己的书包，无语、尴尬地看着老师。

尉老师这种命令式的话语没有向幼儿传递正确的分享观念——分享应该获得快乐，但这种控制让分享包裹上了恐惧的外衣，相信夏晓宇再也不敢拿自己的东西到幼儿园来了，因为他害怕被分享，更害怕老师的眼神，害怕老师说话的口气。

4. 幼儿不爱分享有其合理之处

每个人都会有自己最珍爱的东西，这些东西是不希望与人分享的，幼儿也有自己最珍爱的东西。有些幼儿把一辆缺了轮子的玩具汽车当作珍宝，就如教育者把一枚钻戒当成珍宝一样，如果有人强迫你把手上的钻戒摘下来让她戴一个星期呢？你肯定不乐意。那你为什么要强迫孩子把他最珍爱的东西借给小朋友玩一个星期呢？！幼儿可能会和小朋友分享很多东西，但他最心爱的物品常常不舍得分享，这并不阻碍孩子分享意识的建立和完善。同样，同一件物品，他可以和张三小朋友分享却不见得和李四小朋友分享，这也非常正常——这就如同你可以把自己心爱的首饰拿给你的姐妹戴，却未见得会借给不太熟悉的朋友戴。幼儿也有权选择分享的对象、分享的物品和分享的时机，就如同我们每个教育者每天进行的选择一样。

又如，小雨正在玩一架遥控飞机，叶小楠哀求他给她玩一下，但是小雨就是不给。后来，老师问他："你为什么就不能让小楠玩一下呢？"他说："我的飞机机翼出了点问题，我担心她不知道怎么操作会弄坏我的飞机。"——我们能说小雨的顾虑没有道理吗？！

因此，在强调分享的同时，教育者不仅应该考虑幼儿自身的需要，还要给他们的需要以充分的关照和谅解。

案例 5-39

分享与不分享都有道理

在公交车上，一个跟着爷爷的小男孩看到前方一个小女孩在吃草莓，看了很长时间，突然用很响的声音跟爷爷说："爷爷，老师说了'好东西要大家分享'！"然后他的眼睛又盯在了小女孩放到嘴里的红红的草莓上。

跟着妈妈的小女孩照常吃着红红的草莓，只是速度略慢了些。她抬头跟妈妈说："妈妈，老师说了'别人的东西不能要'！"然后她"狠狠"地瞪了小男孩一眼，吃草莓的速度加快了，一副很享受的样子。

小男孩说的有道理，但小女孩说的也有道理。

5. 幼儿缺乏分享的经验和分享的快乐体验

独生子女没有与兄弟姐妹共同生活的经验、互爱互让的经验和相应的训练。孩子是家庭的中心，他们从小就形成了"一切都是我的"、"一切人和物都是为我服务的"这样的独占心理；另外，现在大多数家庭都住在固定的单元房中，楼上楼下，甚至对门的两家人也互不相识，幼儿整日待在家里，很少有机会和同龄的孩子接触，这种闭塞的环境阻碍了幼儿分享意识和行为的发展，也使幼儿在幼儿园里遇到需要分享的教育要求时会不适应。

6. 策略问题

有的幼儿想分享别人的东西，但不知道如何有效地向对方提出分享的要求，他不会对小伙伴说"我可以和你一起玩吗？"或"你可不可以把玩具分给我一些？"。他常常使用抢夺的办法或用强硬的态度要求别人分享，因此往往遭到拒绝。

7. 物质原因

幼儿的部分不爱分享的行为是玩具本身造成的,比如,大家互换着分享玩具时,由于对方的玩具对他而言不够有吸引力,所以他拒绝与对方交换玩具。

8. 不良示范

教育者小气的行为会给幼儿以不良的影响。如,父母极少甚至从不与人分享任何自己家里的东西,教师拒绝与其他老师分享本班特有的玩具或材料,这些不良习惯会对幼儿产生潜移默化的影响。

(三)幼儿不爱分享与教育

根据幼儿不爱分享的原因及其身心特点,我们可以通过如下措施对幼儿进行有针对性的教育。

1. 要让幼儿体验到不爱分享带来的痛苦

案例 5-40

教育不爱分享的尧尧

饭后,小波去看书,她一眼便选中了尧尧的书。但小波刚把书从书袋里拿出来,尧尧便冲过去,一把夺过书,"这是我的书!"小波同他商量:"我们一起看行不行?""不行。"尧尧的态度很坚决。小波求助地望着朱老师。朱老师对尧尧说:"你自己翻书,让小波在你旁边看,可以吗?"

"不行!她想看,不会让她妈妈给她买吗?"尧尧的态度还是很坚决。

朱老师想:唉,这点面子都不给我,可我又不能强行命令他。因为书是他的,他有权利保护自己心爱的东西。分享应建立在孩子自愿的基础上,而不能靠老师的监督与控制;但分享又是孩子社会化的一个重要部分,我得让他去体验一下。

户外活动时,朱老师知道尧尧最爱玩爬板,就把装爬板的箱子抱在怀里。

果然,尧尧过来了,"老师,给我两个爬板行吗?"朱老师看着爬板,装出舍不得的样子说:"这些爬板是我好不容易做出来的,我怕你玩坏了。"尧尧愣住了,显然,这出乎他的意料。正在这时,小影也来要爬板了,朱老师说:"小影每次有了新书都让我看,我做的玩具当然也让你玩。"便给了她两块。尧尧很聪明,当即说:"朱老师,我有书也让你看。"

朱老师问:"为什么?"

尧尧回答说:"我们有好东西要互相分享。"

朱老师接着问:"也让小朋友们看吗?"

尧尧回答说:"是的。"

朱老师问:"为什么呢?"

尧尧回答说:"要是不给小朋友们看,他们就不喜欢我了,以后他们有好玩的也不让我玩了。"

平时,教育者经常教育小朋友要学会分享,但效果甚微,甚至根本没有效果,其原因就在于幼儿并没有体验到不分享有什么不好。因此,让幼儿体验到不分享的后果,是让幼儿愿意分享、乐于分享的有效措施。

2. 建立良好的分享规则

让幼儿学会如下分享的规则,有利于培养幼儿的分享意识和行为。

(1) 平等分享

幼儿的年龄特点决定了他们交友更多地考虑的是彼此之间的利益性。如,幼儿常常只和自己认为的好朋友玩,只把自己的玩具给所谓的个别好朋友玩。遇到这种情况,教师应利用这个机会组织幼儿一起讨论:小朋友从家里带来的玩具是自己玩好,还是和其他小朋友一起玩好呢?只给自己的好朋友玩,还是大家谁都可以一起玩?当别人把自己的玩具给你玩时,你是不是很高兴?如果别人不给你玩,你是不是很难过?这样会使幼儿逐渐形成平等分享的规则意识。

(2) 先宾后主

先宾后主的分享是将大家都喜欢的东西先让给别人。对于这种规则，幼儿一开始会不理解：为什么要先让给别人？这时教师可提醒幼儿："如果别人先把你喜欢的玩具给你玩，你高兴吗？"经过这样的换位思考，幼儿就会逐渐理解并能接受。

(3) 轮流分享

当好东西不能供大家同时享用时，要让幼儿学会轮流分享，让每个小朋友都有同等的机会享受该物品。在轮流分享的过程中，可以让幼儿通过"石头、剪刀、布"的游戏方式来决定享用的先后顺序，这样既有趣又公平。

(4) 承担责任

分享者对拥有者的玩具等物品要爱惜，不能随意毁坏；若是毁坏了，分享者应该承担责任——在这方面也应该与家长形成共识，这也有利于消除幼儿的后顾之忧，进而激励幼儿更多的分享行为。

3. 通过移情体验分享的快乐

玲玲在玩新的玩具，而强强在一旁等待，他等得不耐烦了，去抢玲玲手里的玩具。这时教师把强强拉到身边，说："我知道你很想玩那件玩具，但我们可以看一看玲玲是怎么玩的。你认真地看一看，告诉我她是怎么玩的，玩得好不好。"接着教师又问强强："你除了等待、抢夺，还有什么办法能使玲玲让你玩一下新玩具呢？你应该跟玲玲说些什么？"教师又走到玲玲身边，轻声地对玲玲说："你看强强一直在旁边等待，他一定很着急。你有什么办法让他不着急呢？"在这一情境中教师没有指责玩新玩具的幼儿不与他人分享，也没有指责等待的幼儿缺乏耐心，而是对玩新玩具的幼儿和等待的幼儿都进行了协商和移情的引导。

要让幼儿享受到分享的快乐，就要让幼儿掌握分享的技巧。

◆ 专题讨论：为了让幼儿学会与人分享的技巧，可以组织相关的研讨交流活动。

◇ 别人想玩你的玩具时，你该怎么办？

◇ 你想玩别人的玩具时该怎么办？要引导幼儿通过讨论想出不同的方法，如一起玩、交换玩、等对方玩完以后再玩等。

◇ 你想玩别人的玩具时，别人不愿意给你玩，你该怎么办？

◇ 过生日了，假如有一个你不太喜欢和他玩的小朋友也想吃你的生日蛋糕，你愿意给他吃吗？

◇ 是不是你带来的玩具只给自己的好朋友玩？别人想要怎么办？

◇ 我们班只有一个洋娃娃，可是三个小朋友都想玩，他们应该怎么办？

◇ 你有玩具，别的小朋友没有玩具怎么办？

◆ **设计问题情境。**

◇ ××小朋友有一辆漂亮的遥控玩具汽车。教师引导幼儿讨论：如果你们想玩这辆遥控玩具汽车，该怎么办？

◆ **探讨解决问题的技巧。**

经讨论孩子们认为，应该有礼貌地向他借，并且玩时应爱惜物品，及时归还，对那些不守信用、不爱惜物品的小朋友可以拒绝分享。

◇ 学会合理的暂时拒绝的技巧，如说："我再玩一下，等一下你再玩。""我刚刚开始玩，我还要玩一会儿。"

◇ 学会接受他人拒绝的技巧，如说："谢谢！你再多玩一下，等一会儿让我玩一下好不好？""好的，那我现在去玩……等一下你不玩了就叫我好不好？"

◇ 别人想借用玩具，幼儿要学会说："可以，不过你要小心使用，别弄坏了！""请用完后及时归还。"

幼儿学会上述交流与分享的技巧，就更容易体验到交往与分享的乐趣。

4. 创造合作与分享的机会

幼儿分享行为的培养应渗透在一日活动的各个环节之中。比如：在画画时，一组幼儿使用同一盒的蜡笔；玩滚球游戏时，多名幼儿共同使用一个皮球，只有轮流推动皮球，游戏才能继续；在午餐前，可以让几名幼儿合作分发勺子——让幼儿分享分发勺子的权利；在生日会上接受小伙伴的祝福，与小朋友们一起分享生日蛋糕等礼物；在班级里设计"分享角"，让幼儿把自己喜欢的宝贝放在分享角内与小朋友们一起分享，或者设立"玩具分享日"（让幼儿在这一天将自己喜爱的玩具、宠物带来与别人分享）；每日组织"一分钟分享活动"（每天为幼儿提供短暂的几分钟专门开展分享活动，在这一时间段，幼儿尽可能地把自己拿手的歌曲、舞蹈、诗歌、谜语、故事、笑话等分享给其他幼儿），等等。还可以组织幼儿开展"认识我们的班级"活动，让幼儿了解班上的各种物品，知道这些物品是大家共同拥有的，每个成员都有使用支配的权利。通过这些活动，让幼儿意识到什么是分享、如何与小伙伴分享，同时在活动中体验分享的快乐。

5. 及时强化

当幼儿某一次与别人分享了一样东西（如玩具、食物），或者将自己的情绪体验等讲给别人听，教育者要及时对幼儿进行正面强化，鼓励其行为，并当众表扬他。而当幼儿独占一样东西不愿与人分享或者与其他孩子发生争抢时，教育者应及时告诉他这样做是不对的，并对他进行分享教育。这对培养幼儿的分享意识和行为是有益的。

强化在培养幼儿的分享意识和行为时相当重要。重要他人（家长和教师）的言行和评价直接影响着幼儿的行为，幼儿常常通过评价来调整自己的行为。但是，教育者一定要明确：强化的根本目的不是让幼儿做出某种行为，而是激发其内在的动机。当教育者更多地采用物质奖励等外部强化手段（如奖励小红花、让幼儿获得某种特殊权利等）时，很容易造成幼儿为了得到某种物质利益而与小伙伴分享，其分享的动力不是来自分享本身所带来的愉快和情感体验，这样的分享行为很难变成一种自觉的行为，因而它不具有可持续性。因此，对于幼儿带玩具来园和小朋友分享，教师应用微笑、抚摸、赞许来强化幼儿的分享行为，而不要用奖一朵小红花或者给予某种特权等方式。

6. 故事引导

故事的魅力是无穷的，听故事是幼儿最喜欢的，而故事对幼儿的影响也很大。教师可将日常生活中有关分享助人的内容编入故事，让幼儿在欣赏故事、讨论故事、理解故事的同时明白有关道理，懂得正确的方法。如，故事《金色的房子》中小姑娘因为自私而失去朋友变得孤独，当她与小朋友共享她漂亮的金色房子时，她又得到了朋友。可以引导幼儿通过理解故事，讨论故事，进而亲身体验，并迁移到日常生活中。教师可问幼儿："假如你遇到类似的事情，你会怎么想，又会怎么做？"从幼儿的情感体验中不难发现，幼儿已有了初步的分享言行，从言行中幼儿自然地流露出关心与被关心、帮助与被帮助的快乐，从而产生乐于分享和助人的愿望。

7. 培养孩子的分享行为，家庭也可有所作为

为了培养孩子的分享意识和能力，家长可在以下几个方面努力：

（1）在家里创造条件让孩子有与他人分享的机会

家长购买了玩具后，可让孩子请同伴来家里玩耍，让孩子在自己熟悉的环境中轻松地和同伴交谈和玩乐。家长不能怕弄脏自己家或担心玩坏昂贵的玩具而不许孩子向别人发出邀请，不要排斥孩子的同伴上家里来玩。

为了让孩子学会与人分享，家长还可以刻意买一些需要两个以上的小朋友玩才能玩得起来的玩具，让孩子邀请小伙伴到家里来玩，让他真切地感受到分享的必要性和快乐。

（2）家长要支持幼儿园的分享活动

案例 5-41

分享教育需要家园合作

新学期开学初，洪老师发现，春节过后每个幼儿手中都有 1～2 件新颖的玩具。她认为这是培养幼儿的集体意识和分享意识的好机会。于是，洪老

师鼓励每个幼儿拿家中最好的玩具来园与大家分享,并准备第三天开一个玩具展览会。可是,第二天全班36位小朋友只有3位带来了自己的玩具。洪老师问孩子们为什么不把自己的玩具带来与大家分享,有的孩子说:"妈妈不让带来,怕搞坏了。""奶奶说:'你拿去了,奶奶以后就不再给你买玩具了!'""爸爸让我带旧书来,说新书会被撕破的。"……

洪老师在培养幼儿的分享意识和行为方面的想法是好的,但由于这项工作没有得到家长们的支持和配合,结果没有取得预期的效果;相反,还为家长教孩子自私、小气创造了机会,这不能不引起我们的反思。

另外,孩子的物品在分享过程中,如果受到损坏,家长不要责怪自己的孩子不该与人分享,更不要责怪损坏物品的孩子。因为学会分享比任何物品都重要。曾经有位家长这样指责孩子:"我今天早晨就跟你说了,不要把玩具带到幼儿园里给别人玩。现在玩具坏了吧,看你拿回去还有什么用?!"被骂哭了的孩子可能就此记住了一个道理:所有的好东西以后都要藏在家里,由自己独享。

(3) 让分享成为家庭的一种文化

为了培养孩子的分享意识和行为,应该让分享成为家庭的一种文化——家庭成员发自内心地与其他成员分享自己物质和精神上的收获与快乐。

家里有好东西时,父母要学会将这些东西与朋友、亲人分享,并且让孩子参与这些活动。

家里买了好吃的东西,要让孩子将它分成一人一份,并分给家里的其他成员;一定不能只给孩子买一份好吃好玩的东西。

家里的娱乐活动要照顾大家的兴趣。比如:电视机的遥控器由谁来控制?大家都在看电视时,应该看什么节目?对家庭成员各自感兴趣的电视节目如何统筹安排,如何关照每个人的兴趣?这些都是培养孩子的分享意识和行为的契机。有些家庭的遥控器由孩子来控制,这不仅不利于培养孩子的分享意识和行为，而且使孩子养成了独占、独玩的不良行为习惯。

家长要做个好的分享者。许多父母宁可自己受苦受累，也不愿让孩子吃苦受累，好吃的、好玩的、好用的全部归孩子所有。虽然他们也担心孩子会发展成为不善于分享的冷漠儿童，但在行为上不愿意也不肯与孩子分享。在现实中，很多孩子诚心诚意地请父母或其他长辈一起吃好东西，父母或其他长辈却坚决推辞，说："你吃吧，妈妈不吃！"就这样，孩子与他人分享的欲望和行为被父母扼杀于萌芽状态，久而久之，孩子就难以形成分享的习惯。

参 考 文 献

[1] 张春炬. 幼儿教师的家长工作技巧 [M]. 北京：中国轻工业出版社，2014：216.

[2] 董会芹. 学前儿童问题行为与干预 [M]. 北京：清华大学出版社，2013：175-200，201-243.

[3] 王萍. 学前儿童问题行为及矫正 [M]. 北京：清华大学出版社，2013：14-18，24-27，254-259.

[4] 莫源秋，韦凌云，刘揖建. 幼儿常规教育指导手册 [M]. 北京：中国轻工业出版社，2012：131-142.

[5] 冯夏婷. 幼儿问题行为的识别与应对：家长篇 [M]. 北京：中国轻工业出版社，2012：61-72.

[6] Saifer S. 幼儿教师工作高效应对策略 [M]. 曹宇，译. 北京：中国轻工业出版社，2012：72-78，86-93，182-184，191-194，200-202，205-206.

[7] 比蒂. 学前教师技能 [M]. 嵇珺，译. 南京：江苏教育出版社，2011：266-267.

[8] Essa E. 幼儿问题行为的识别与应对：教师篇 [M]. 王玲艳，张凤，刘昊，

译. 北京：中国轻工业出版社，2011：101-106，279-280.

[9] 莫源秋. 做幼儿喜爱的魅力教师 [M]. 北京：中国轻工业出版社，2010：107-110.

[10] 戈登，布朗. 幼儿教育学导论：下册 [M]. 梁玉华，李锡奎，等，译. 成都：四川少年儿童出版社，2010：23-25.

[11] 科特曼. 幼儿教师88个成功的细节 [M]. 李旭晴，译. 上海：华东师范大学出版社，2010：40-41，51.

[12] 郑雪，刘学兰，王玲. 幼儿心理健康教育 [M]. 广州：暨南大学出版社，2006：234.

[13] 莫源秋. 幼儿园心理卫生保健工作指导 [M]. 南宁：广西人民出版社，2005：180-187.

[14] 刘德华. 让教育焕发生命 [M]. 桂林：广西师范大学出版社，2003：94.

[15] 于凤丽. 书是我的 [M] // 吴晓燕. 走进童心世界：幼儿教师优秀笔记集粹. 北京：北京师范大学出版社，2000：77.

[16] 林正文. 儿童行为的塑造与矫正 [M]. 北京：北京师范大学出版社，1998：540，553.

[17] 黄克敏. 不要对孩子说反话 [M] //《学前教育》编辑部. 教育笔记. 北京：北京师范大学出版社，1986：16-17.

[18] 吕华，林静. 幼儿分享行为影响因素及培养策略研究 [J]. 兰州教育学院学报，2014（5）：160-162.

[19] 牟群英. 移情训练对幼儿分享行为影响的研究 [J]. 早期教育：教科研，2014（3）：21-27.

[20] 侯文侠. 幼儿分享教育低效性问题的反思及启示 [J]. 吉林省教育学院学报，2014（3）：31-32.

[21] 李燕，吕芳，陈露. 退缩儿童的社会适应及其影响因素 [J]. 外国中小学教育，2014（2）：27-34.

[22] 周颖. 攻击性幼儿的认知错误及矫正策略 [J]. 教育导刊: 幼儿教育, 2013 (12): 18-21.

[23] 周颖, 田澜. 幼儿攻击行为的成因及规避策略 [J]. 教育导刊: 幼儿教育, 2013 (9): 29-32.

[24] 祝传清. 儿童说谎行为的原因及对策 [J]. 现代教育科学: 普教研究, 2013 (5): 26-27.

[25] 张连军. 培养4—6岁幼儿的分享行为 [J]. 南昌教育学院学报, 2013(4): 134-135.

[26] 张淑满, 张鸿宇. 应对幼儿攻击行为的策略探析 [J]. 吉林省教育学院学报, 2012 (8): 40-41.

[27] 张淑满, 张鸿宇. 试论学前儿童的攻击行为及矫正策略 [J]. 早期教育: 教科研, 2012 (8): 25-27.

[28] 张玉红. "我在幼儿园里学会了分享": 浅谈如何对幼儿进行分享教育 [J]. 教育观察, 2012 (7): 79-80.

[29] 刘艳. 儿童青少年社交退缩的干预 [J]. 教育研究与实验, 2012 (1): 78-82.

[30] 嵇珺, 刘晶波. 幼儿分享教育的价值与实践改进 [J]. 学前教育研究, 2011 (12): 52-57.

[31] 祁海芹. 儿童说谎现象心理分析及教育对策 [J]. 教育科学, 2011 (10): 90-92.

[32] 徐宇晨. 儿童说谎行为成因及其应对策略 [J]. 基础教育研究, 2011 (6): 54-55.

[33] 黄海燕. 如何辨别儿童告状情境中的有意说谎行为 [J]. 教育导刊: 幼儿教育, 2011 (3): 78-79.

[34] 孙贺群, 王小英. 社会退缩儿童存在的心理问题及教育对策 [J]. 教育探索, 2011 (1): 135-136.

[35] 罗仙玉. 对培养幼儿分享行为的思考 [J]. 课程教材教学研究：幼教研究，2010（1）：71-72.

[36] 冯永刚. 家长：请不要诱使儿童说谎 [J]. 教育导刊：幼儿教育，2009（12）：54-55.

[37] 王丹. 儿童说谎现象浅析 [J]. 幼教园地，2006（7/8）：78-80.

[38] 刘伟，张振. 儿童说谎行为及其干预方法的研究综述 [J]. 吉林省教育学院学报，2010（11）：125-127.

[39] 刘海燕，王艳. 幼儿攻击性行为的成因与应对策略 [J]. 济南职业学院学报，2011（10）：69-72.

[40] 黄铃. 基于儿童对说谎的道德认知和评价研究的德育反思 [J]. 基础教育，2010（10）：49-54.

[41] 汪娟. 儿童早期说谎行为研究进展及其对教育的启示 [J]. 当代学前教育，2010（5）：5-8.

[42] 石中英. "狼来了"道德故事原型的价值逻辑及其重构 [J]. 教育研究，2009（9）：17-25.

[43] 刘怡虹，李辉. 儿童关系攻击行为研究综述 [J]. 幼儿教育：教育科学，2009（6）：51-55.

[44] 马桂霞. 预防和矫治幼儿的攻击行为"四部曲" [J]. 当代学前教育，2008（5）：40-41.

[45] 屈卫国，许慎. 说谎意图对儿童谎言道德评价的影响 [J]. 学前教育研究，2008（5）：39-42.

[46] 郑丽，丰铁梅，王德明. 儿童退缩心理的成因及对策理 [J]. 理论界，2007（3）：100-101.

[47] 王炯，辛自强. 儿童说谎研究的进展与方向 [J]. 中华女子学院学报，2007（4）：68-71.

[48] 徐琳. 从幼儿的独占心理看分享教育 [J]. 教育导刊：幼儿教育，2006

（11）：29-31．

[49] 胡晓颖．浅谈幼儿分享行为的培养[J]．上海教育科研，2006（10）：61-62．

[50] 黄小莲．攻击与被攻击幼儿教育策略浅释[J]．学前教育研究，2006（6）：11-14．

[51] 田淑艳．幼儿分享行为的养成策略[J]．幼教园地，2006（4）：29-30．

[52] 黎明．学会分享：幼儿成长中的里程碑[J]．启蒙：3—7岁，2005（4）：28-29．

[53] 韩迎春．如何看待幼儿的"偷窃"行为[J]．教育导刊：幼儿教育，2004（9）：22-25．

[54] 郑淑杰，张永红．学前儿童社会退缩研究综述[J]．学前教育研究，2003（3）：15-17．

[55] 莫源秋．正确认识和对待幼儿的攻击性行为[J]．山东教育：幼儿教育，2002（11）：45-47．

[56] 刘秀丽．学前儿童心理理论及欺骗发展的关系研究[J]．心理发展与教育，2005（4）：13-18．

[57] 孔令霞，宋冬梅．幼儿攻击行为的干预[J]．山东教育：幼儿教育，2002（10）：48-49．

[58] 陈丽群．培养幼儿的分享行为[J]．学前教育研究，2001（2）：61-62．

[59] 张莉．由幼儿分享行为所想到的[J]．教育导刊：幼儿教育，1998（6）：24-25．

[60] 任虹霏．3—6岁城市幼儿分享的特点及培养[D]．沈阳：沈阳师范大学，2014．

[61] 邹绮文．婴幼儿攻击性行为的原因及对策分析[D]．上海：上海师范大学，2012．

第六章 不良生活、学习习惯与教育

幼儿的不良生活、学习习惯是指幼儿在生活、学习方面表现出来的心理行为问题,本章主要介绍幼儿最常见的尿床、尿裤子、厌食、挑食、偏食、注意力不集中等心理行为问题的表现、原因与教育。

一、尿床、尿裤子

(一)幼儿尿床、尿裤子的表现

尿床、尿裤子,是指幼儿不去上厕所小便,而是尿在床上或裤子里的行为。如果这种行为频繁而有规律地出现,那么尿床、尿裤子就成了问题行为;如果是偶尔尿床、尿裤子,则不是问题行为。习惯性尿床、尿裤子的幼儿约占幼儿总数的10%。

(二)幼儿尿床、尿裤子的原因

研究表明,幼儿尿床、尿裤子的主要原因有以下六种。

1. 生理因素

由于尿道或肾脏受感染导致幼儿对尿意的敏感度差、控尿能力比较差,是幼儿尿床、尿裤子的一个重要原因。

2. 裤子不方便幼儿穿脱

有时幼儿尿裤子可能是由于不能很快地解开裤子所致。有的幼儿的裤子是背带裤，或者裤子上有小扣子、复杂的皮带扣、很紧的四合扣等，要尿尿时他们往往来不及脱下裤子。

3. 心理压力

压力和焦虑会引发幼儿尿床、尿裤子。有些幼儿在家极少尿床、尿裤子，但到了幼儿园后常常出现这类情况，这很可能是幼儿的心理压力所致。

案例 6-1

尿尿问题成了幼儿心中的焦虑源

午睡的时间到了，小班的孩子们都安静地来到卧室，在老师的帮助下，脱好衣服，盖上被子，安静地午睡。不一会儿，大多数小朋友已进入梦乡，这时，老师听见小明怯怯地说："老师，我要去尿尿。"于是，老师带着小明来到卫生间，尿完后，小明回去躺下。过了一会儿，又传来了小明要尿尿的声音，老师又让她去了，她只尿了几滴。就这样，每隔几分钟，小明就要去尿尿，在整个午睡时间里，前后共尿了十多次。

小明的尿频尿意完全是由于"尿床焦虑症"引起的。或许她有过刻骨铭心的尿床后的痛苦经历。

4. 幼儿未掌握独立上厕所尿尿的动作要领

有时候，幼儿尿裤子是因为没有掌握好尿尿时应该将裤子拉到什么位置所致。如，有一次，小班的危老师为陆小贝整理衣服时，发现她身后的裤腰处湿漉漉的，可摸摸下裆处却是干的，闻一闻裤裆无尿味，而裤腰处却有尿味。经过观察，危老师弄清了原因：原来陆小贝如厕时，裤子只脱到了大腿或臀下。蹲下时，小便就都尿到了裤腰上。从这以后，危老师在照顾幼儿如厕时，都指导或帮助幼儿将裤子脱到膝盖处，再蹲下大小便，后来再也没有发生过幼儿尿湿裤腰的事情。

5. 贪玩而忘记上厕所尿尿

有的幼儿过分贪玩，直至尿憋得很急时才想起上厕所，但为时已晚，于是就尿裤子了。请看下面的案例：

案例 6-2

谁 的 责 任

一次区域活动时，我从积木区走过，闻到了一股臭味，我就问正在玩的三个幼儿："你们谁大便了？"他们都对我摇摇头。我想，都是大班的孩子了，要大便应该知道去上厕所。可是，当我第二次走过积木区时，还是觉得不对，我又问："谁想上厕所呀？"只见徐夷闻举起手，很小声地说："我去。"看见他的眼睛在躲着我，我觉得有点问题，就跟着他去了厕所，我问："你是不是拉裤子里了？"他低下了头。我很生气："刚才我还问谁要大便，你不说，还继续玩，怎么还不如小班的孩子呢？"他愣愣地站在那里一动也不动，眼里含着泪水。我赶快帮他把裤子脱下一看，其内裤已蹭上了一些大便。我让他赶快去上厕所，他从厕所出来，还是满脸委屈的样子。我立即想到孩子是不是肚子不舒服，就问他："你是不是肚子疼呀？"他摇摇头。我又问："那你今天怎么了？"徐夷闻听我的口气缓和了，就对我说："我先去上厕所，就玩不上积木了。"

孩子就是孩子，为了玩，大便拉在裤子里了也不在乎，把玩看得高于一切。

6. 不适应幼儿园的厕所环境

有的幼儿因为在家习惯坐便盆，不习惯上幼儿园的厕所而尿裤子；有的幼儿因不习惯幼儿园的厕所环境——有的幼儿园男女不分厕；有的幼儿园厕所蹲位不是一个相对封闭的空间，一个人在那里上厕所，许多小伙伴在看——宁愿直接尿在裤子上，也不愿上厕所。

(三)幼儿尿床、尿裤子与教育

根据幼儿尿床、尿裤子的原因及其身心特点,我们可以通过如下措施对幼儿进行有针对性的教育。

1. 到医院诊治

如果幼儿出现经常性的尿床、尿裤子现象,就应该带他去医院检查,看看是不是生理性原因所致。如果是,则要在医生的指导下给予治疗和照顾。

2. 教会幼儿独立上厕所尿尿的动作要领

要让幼儿知道,尿尿时如何脱裤子,要将裤子脱到什么位置比较合适等。

3. 适时提醒幼儿上厕所

睡前和活动一段时间后,要提醒幼儿上厕所尿尿。适时提醒可以有效减少幼儿尿床、尿裤子的现象。

对幼儿自己主动上厕所的行为要表扬。如果经常尿裤子的幼儿在不需要提醒的情况下自己去上厕所或者是告诉老师之后再去上厕所,应给予肯定和表扬。如果他不对尿裤子的事情感到尴尬,那么,就当着其他小朋友的面表扬他的这一行为;如果他在意,就不要这样做了。

4. 对幼儿提出的上厕所要求要无条件地答应

无论什么时候,不管是游戏活动时间,还是集体教学时间,也不管是吃饭时间或是睡觉时间,只要幼儿提出上厕所的要求,教师都应该无条件地答应,并且给予优先满足。如果是在集体教学活动时间要上厕所,幼儿做手势(大便竖起大拇指,小便竖起小拇指)即可出去。

案例 6-3

来不及了

在一所幼儿园的一个很大的班级里,老师让小朋友们提问题。大家一个接一个地提问,有个小朋友一直把手举在空中,不过,当轮到他提问时,他却把手放下了。老师问他:"怎么了,你等了这么久,为什么轮到你讲,你却把手放下了?"

没想到那个小朋友回答说:"来不及了,已经尿了。"

这个小朋友之所以尿裤子,是因为他们班没有用特殊的手势来标识大便和小便,教师错误地认为幼儿举手都是为了提问或者回答问题。如果从小班就开始用固定的特殊手势来表示要上厕所的意思,那么,教师就会在第一时间内发现并满足幼儿上厕所的要求,就不致让幼儿尿裤子了。

案例 6-4

一个5岁孩子的感慨

朋友5岁多的孩子在幼儿园午睡后,因为尿急,先于别的小朋友醒来,于是,告诉生活老师要去上厕所,生活老师说等一会儿,这一等,孩子最后尿湿了裤子。事情发生后,孩子很受伤害,以至于到了第二天孩子早上起床时还惦记着这事,并说出了让所有大人都为之动容的话:"长大了我要是当老师的话,我一定让小朋友去尿尿!"

案例 6-5

老师的荒唐判断

某日午睡环节,快到起床时间时,林林在床上不安地动来动去,他对园老师说他要去解小便。园老师却不耐烦又十分武断地说:"我知道有哪些小朋友睡到这个时间是真的要去小便的,我会让他们去的;我也知道哪些人是明明不想小便或是没有那么急,看到别人要小便自己也想出来兜一圈的。还有几分钟就要起床了,没有那么急的小朋友肯定能坚持到那个时候!"

不知道园老师凭什么判断林林不是真的想尿尿。园老师对林林的最大伤害不是迟尿尿带来的身体影响，而是她对林林的不信任，这种不信任将会给林林今后的成长留下抹不去的阴影。另外，对于幼儿的言行，教育者凭自己的智慧和经验经常可以看透，但我想说的是：为了让幼儿有尊严，对于幼儿的言行，教育者可以看透，绝不可以说透，更不应该在其他小伙伴面前说透。

案例 6-6

上厕所次数的控制与膀胱生理疾病

伍老师因工作需要调到一所新幼儿园接管大（1）班的工作，刚刚到新班还不到两个星期，伍老师就发现他们班有些孩子有个不好的习惯——喜欢在上课时上厕所，这不但影响教学活动的正常开展，也令伍老师担心他们的安全问题。于是伍老师决定改变孩子们的这个不好的习惯。

伍老师观察一周后，了解到孩子们上厕所的大致情况是：少则 3 次/天·人，多则 14 次/天·人，平均每天高达 7 次/人。于是伍老师决定采用行为塑造法来改善幼儿的上厕所行为。伍老师和小朋友们商定，在厕所门口的公布栏上粘贴一张表格，每位小朋友每次上厕所时打一个"√"，每天统计一次；如果哪一天哪位小朋友上厕所的次数不超过 7 次，就奖给他一张贴贴纸；如果哪位小朋友一个星期得到 4 张或 5 张贴贴纸的话，就在周五放学时得一朵小红花。第一周实施的效果非常好，所有的孩子都得到了小红花。

经过三个星期后，伍老师把每天 7 次降为 6 次，并且连续三周达到行为目标后，依次降低次数，降为 5 次、4 次、3 次，至此次数不再降低，结果改善了小朋友们上厕所的不良习惯。

可是三个月后，班里的不少小朋友患上了膀胱生理疾病。

幼儿一天的尿尿次数与其生理特点有关，不要人为地控制幼儿上厕所尿尿的次数，而要让幼儿根据需要去上厕所。如果幼儿上厕所的目的不是尿尿，而是"放风"、去玩，那么，更应该改进的是课堂教学对幼儿的吸引力——让我们的课堂比上厕所更有吸引力，幼儿借故上厕所的可能性就会降低，甚至消失。

5. 尊重幼儿上厕所的特殊要求

如有的幼儿要求上厕所时在一个相对私密的空间里，幼儿园要为他们提供这样的条件，要尊重他们这方面的要求，而不能质问幼儿："人家其他小朋友都能那样，你为什么不能？"因为这样意味着我们对幼儿特殊需要的不尊重，同时，还会给幼儿带来心理压力。

案例 6-7

每天放学都拼命往家赶的小璇

一天离园时，小朋友们都一边玩玩具，一边等爸爸妈妈来接。小璇小朋友却不停地向门口张望，样子十分着急，付老师轻轻地走过去对她说："小璇别着急，今天你妈妈可能有事，待一会儿来接你，你先和小朋友一起玩一会儿好吗？"付老师的话还没说完，她竟然"哇"的一声哭了起来，旁边的小朋友大声叫道："付老师，小璇的尿裤子了！"付老师低头一看，地上果然有一摊水。付老师急忙安慰她，并为她换好备用的裤子。小璇的妈妈来后，不好意思地说："我家厕所里装的是坐式马桶，幼儿园里的是蹲式的，小璇不敢上幼儿园的厕所，有了尿就憋着，然后在回家的路上急忙尿。今天我接晚了，她就憋不住了，真是对不起。"

有不少小朋友对幼儿园的厕所不能适应，因而经常憋尿憋大便，这个问题应引起重视。如果处理不好，孩子一整天的主要精力就放在憋尿憋大便上，哪有心思去学习和玩呢！

因此，对于那些很少在幼儿园上厕所的小朋友，教师要特别关照他们。

6. 消除幼儿对尿床的焦虑

许多幼儿为尿床而焦虑，教育者要努力消除幼儿的这种焦虑，心理放松了，幼儿尿床、尿裤子的现象就会减少。

案例 6-8

老师的安慰让小宁放心了

早上还高高兴兴的周小宁吃完饭后不知为什么眼泪在眼圈里打转。李老师赶紧走过去问："小宁怎么了？你有什么事和老师说说吧。"这一问可不要紧，周小宁大哭起来，边哭边说："我怕尿裤子，呜……"李老师赶紧安慰她说："没关系，小朋友不小心尿裤子了，老师是不批评的，还会帮你换上干净的裤子。"周小宁听老师这么说，点点头，不再哭了。可没过多久，她又来找李老师说："李老师，我还是怕尿裤子。"李老师说："怎么会呢？小宁要是有尿就去上厕所，裤子不好脱有老师帮你，没关系的。"周小宁心里放松了许多，不再紧张了。

7. 幼儿尿床、尿裤子的现场应对策略

尿床、尿裤子在幼儿阶段是一种比较普遍的现象，当幼儿不小心尿床、尿裤子时，教师可以采取如下措施来有效应对：

（1）尿床、尿裤子是幼儿的隐私

尿床、尿裤子是幼儿的隐私。有些幼儿尿了裤子不愿意告诉老师，主要原因是怕老师批评："你怎么会尿裤子呢？"这样一说，班上的其他小朋友就会笑话他。被大家笑话，是令幼儿很难受的事情。如果教师能多为幼儿考虑，照顾幼儿的感受，不是责备质问，而是蹲下来亲切地、轻声地说一句"没关系，你悄悄地换上干净的裤子，老师不会告诉其他小朋友的"，那么幼儿就不会有顾虑了，尿尿后就会马上告诉老师，并且他们还会对老师产生信任感。

（2）温暖地对待尿床、尿裤子的幼儿

发现幼儿尿床或尿裤子后，教师不用做任何评价，而应很淡定地对他说："我想你该换裤子了。"然后带他去换裤子。如果某个小朋友不在乎别人知道

他尿裤子,你还可以带他到班上跟所有小朋友说。

"××,你来告诉小朋友们,刚才穿湿裤子舒不舒服?"

"××,你再来告诉大家,现在换上干净的裤子后舒不舒服?"

然后在全班小朋友面前表扬他:"××真勇敢,尿湿了裤子就马上告诉老师,然后老师帮他换上干净的裤子后他就舒服了。希望大家今后向××学习,尿湿裤子后要马上告诉老师!"要让小朋友们认识到尿床或尿裤子不是丢人的事情。

案例 6-9

指责、吓唬

一天午觉起床时,只有乐乐不肯起床,等大家都出去了他才起来。李老师在叠被子时发现乐乐尿床了,于是咆哮道:"别的小朋友都没有尿床,就你尿床,你丢不丢人啊?!"乐乐很委屈,他刚想开口,李老师马上又吼道:"你下次再尿床,我就把你的小鸡鸡割掉,听到没有?!"乐乐被吓坏了,哭着说:"我不敢了,我不敢了!"

本来孩子尿床就跟其内心紧张和不安有密切的关系,老师如此吓唬孩子,孩子的内心会更加紧张不安,这不仅对解决孩子的尿床问题没有任何帮助,而且有可能会增加其尿床的频率。正确的做法是在孩子尿床后想方设法地减轻他的心理负担,消除他内心的不安。

案例 6-10

对幼儿尿裤子,你的反应是哪一种

① "你又尿了,才喝一点水就尿,像个漏斗似的。"

② 老师满面春风地迎上去说:"尿裤子了没关系,老师给你换裤子。"

③ "没关系,来,老师带你到寝室里去换。小朋友不会发现的,下次注意就是了。"

④老师随时提醒个别特殊孩子去上厕所，尽可能避免发生尿裤子的事情："××小朋友，你是否要小便呀？快去吧。"

"①"体现了教育者对幼儿的不尊重，教师喜欢用指责的口气与幼儿说话。

"②"体现了教育者慈母般的温暖——她的表情、语言和行为都让幼儿感到温暖。

"③"体现了教育者对幼儿的平和态度和对幼儿人格的尊重。

"④"体现了教育者对幼儿个体差异性的关照。

二、厌食

（一）幼儿厌食的表现

厌食是指幼儿较长期的食欲减退或食欲缺乏。幼儿厌食的主要表现为：

◆ 与同龄人相比饭量明显少。
◆ 吃饭时间总是超过30分钟。
◆ 经常没胃口。
◆ 拒吃某一类食物（如蔬菜）超过1个月。
◆ 喜欢吃零食。
◆ 不愿意尝试新食物。
◆ 吃饭时经常将饭菜含在嘴里不肯咽下去。

如果某幼儿出现上述行为中的三种以上，那么该幼儿很可能有厌食倾向。

（二）幼儿产生厌食的原因

研究表明，导致幼儿厌食的原因主要有五种。

1. 生理因素

幼儿因患消化系统疾病或其他慢性病未治愈，或者服用药物可能会影响其胃口。此外，睡眠不足、缺锌、食含糖量高的食物过多等也会影响幼儿的食欲。

2. 生活无规律

在幼儿的一日生活中，寝食没有规律会打乱生物钟，进而导致幼儿的消化功能失调，影响其食欲。

3. 活动量不当

在幼儿的一日生活中，活动量过大或过小都会影响幼儿的食欲和进食量。有的幼儿个性文静，一日活动中好静不好动，活动量过小，活动内容单调，从而影响其消化吸收功能；而有的幼儿好动，活动量过大，活动时间过长，过度疲劳也会影响其进食量和食欲。

由于幼儿园里静的活动太多，动的活动特别是活动量大的室外活动严重不足，导致幼儿到吃饭时仍然没有饥饿感，也就没有食欲了。

4. 过分溺爱

父母在孩子进食时表现出过分的关心，在饭桌旁喋喋不休地劝孩子多吃，把大量的鱼、肉、虾、蟹等不停地夹到孩子的饭碗里，这样会使孩子产生消极情绪，引发幼儿的任性、倔强，这些孩子常常会把不吃东西作为威胁父母达到自己目的的一种手段。

5. 用餐时要求过多

在进餐的过程中，教师为了让幼儿吃饱吃好并养成良好的饮食习惯，往往不厌其烦地提醒幼儿："快点吃"，"别说话，好好吃"，"你聊上了是不是"，"你怎么还说话呀"，"保持桌面的干净"，"不要把饭粒撒在桌上"，"注意细嚼慢咽"，"不许剩饭"……老师反复的叮咛使得原本愉快的进餐气氛顿时严肃起来。在严格的膳食管理制度下，幼儿如同被人操纵的木偶，吃饭只是为了完成任务，完全没有了吃饭的兴趣，不能享受到进餐的快乐；教师的不断催促和提醒使幼儿的神经处于紧张状态，影响了其食欲，甚至会引起其情绪上的反感、恐惧、紧张，造成食欲不振、厌食、畏食。

（三）幼儿厌食与教育

根据幼儿厌食产生的原因及幼儿的心理特点，教育者可以通过如下措施激发和增强幼儿的食欲。

1. 消除生理因素的影响

带孩子到医院看医生，遵从医嘱，去除影响孩子食欲的因素。

2. 心理行为干预

在消除了影响幼儿食欲的生理因素后，可以通过心理干预措施来激发和增强幼儿的食欲。

（1）科学安排幼儿的一日生活

要让幼儿过有规律的生活，保证幼儿有充足的睡眠时间，动静交替，定时吃饭，定时休息，让幼儿的胃有规律地定期排空。

（2）创设轻松愉快的就餐环境

愉快的就餐环境有助于培养幼儿良好的食欲和良好的进餐速度；紧张的环境会抑制幼儿的食欲。因此，我们要为幼儿创设轻松愉快的进餐环境。

①餐前心理准备。

餐前，要避免让幼儿参加剧烈的身心活动，让幼儿以平稳、愉快的心情迎接午餐。餐前还可以安排一些室内的、较安静的、愉快的活动，如谈话活动、讲故事活动、手工活动、绘画活动等。

②给幼儿充足的时间吃饭。

适当增加吃饭时间，让小朋友们有更充裕的时间按照自己的节奏从容不迫地吃饭。不要总是不停地催促小朋友们："吃快点"、"大口吃"、"赶紧吃"、"看谁吃得又快又好"。要让他们从容地享受吃饭的乐趣。紧张的气氛只会压抑幼儿的食欲而不会激发幼儿的食欲，甚至会让幼儿对上幼儿园充满恐惧。

③播放节奏轻快、旋律优美的轻音乐。

在幼儿进餐的过程中,教师找一些适合幼儿的轻音乐作为进餐的背景音乐,可让幼儿放松地进餐,养身又养心。

④在进餐时间禁止批评训斥幼儿。

严格禁止教师在幼儿吃饭的过程中训斥、批评幼儿,因为这时最重要的事情就是吃饭,训斥和批评会影响幼儿的食欲。

⑤允许幼儿适当交流。

吃饭时,允许幼儿自主地与同桌谈一些愉快的话题。让幼儿自由地与同桌说说话,谈谈今天的学习或今天的饭菜,谈谈昨天晚上放学后的见闻;在小朋友们自由交谈时,不要总是制止:"哪里还有多余的声音?""吃饭时怎么还有那么多话?"让幼儿自由自在地进餐,不但可以激发幼儿的食欲,而且能促进幼儿的消化。

⑥让幼儿自己决定一餐的饭量。

让幼儿有权决定一餐食量的多少——幼儿吃饱了,就不要再强迫他吃了;幼儿实在不想吃了,也不要再强迫他吃了。发现幼儿不想吃时,可以问他:"你还需要饭菜吗?"不应该强迫他"吃多点儿",更不要对他说:"你必须吃完……"教育者要尊重幼儿对食物的自主权。

案例 6-11

尊重孩子的需要

在午饭时间,保育员正忙着给孩子们分汉堡包。这时,带班老师从外面进来了,吃惊地看到远山小朋友已经"吃完了"。老师问他:"你已经吃完了?"远山小朋友答道:"是的。我已经饱了。"这时保育员对带班老师说:"不,他没有吃,他把汉堡包扔进了垃圾桶。"带班老师走到垃圾桶旁一看,果然看到了一只完整的汉堡包,但是带班老师对保育员说:"他说他已经饱了。我想,他的意思是说他不需要了。"

带班老师对远山小朋友的行为的理解是正确的，幼儿有权发自内心地表达"我不需要了"。在吃与不吃的选择上，幼儿有权自主决定。教师不要强迫幼儿吃，打着"为了让幼儿多吃，为了幼儿的身体健康"的旗号对幼儿"塞饭"是不人道的，也不利于幼儿的身心健康。

幼儿知道自己能吃多少，当幼儿不愿意吃时，教师应该尊重幼儿的意愿，不要再逼幼儿超量地进食，否则，不但影响其身体的健康，也影响其对教师和幼儿园生活的态度，甚至还会影响其人格的健康发展。

美国心理学家多拉德（Dollard, J.）和米勒（Mille, N. E.）经过多年研究认为，饥饿需要得到满足的条件会被泛化进而影响幼儿将来的人格。如果幼儿常常在主动状态下进食——对主动的强化，那么，他们将来可能会成为积极主动的人；如果幼儿常常在被动状态下进食——对被动的强化，那么，他们将来可能会成为被动的人。

因此，在进餐的问题上，教师应该充分尊重幼儿的意愿，尤其重要的是要想方设法让幼儿有饥饿的感觉，在有食欲的前提下进食，这种主动进食的态度有利于幼儿的身心健康。

案例 6-12

小女孩语出惊人：小猪比人类还有智慧

有一天，我碰到一位以前的同事，我说："几年没见，你怎么养得这么胖呢？！"他说："从小父母就说，吃饭不能剩，每一口都必须吃下去。我现在都四十几岁了，还一直保留着这个习惯，实在吃不下了还要吃，不长胖才怪呢！"

昨天，我到幼儿园见习。午饭时，一个小女孩跟我说："小猪有一点比我们聪明，它吃饱了，就不吃了。我们不一样，要撑着才行——老师总是叫我们把碗里的饭菜吃完——一粒米饭也不能留！"

⑦给幼儿盛饭时采取少盛勤添策略。

给幼儿盛饭时，不要一盛就是满满一碗。许多时候，食欲不是很好的幼儿一看到老师盛的满满一碗饭，他们的畏难情绪就上来了，有的幼儿甚至会愁得哭起来。针对这一情况，给幼儿盛饭时我们主张采用少盛勤添法——小半碗小半碗地盛，幼儿吃完后再添，这样，幼儿对吃饭就很有信心，并且吃完后再添，吃完一碗又一碗，每添一次饭可得到老师的一次表扬——"你吃得最棒了，吃得可真多！"这样，幼儿吃得轻松，吃得有成就感，吃饭的欲望也会逐渐增强。

⑧别异化幼儿吃饭的动机。

幼儿吃饭的正确动机应该是因为他感觉肚子饿了，为了充饥而吃，而不应是为了达到其他目的而吃饭。

让幼儿觉得吃饭是为了达到吃饭以外的其他目的，这对幼儿的食欲是一种伤害。有的保教人员和父母为了让孩子更好地进食，教育孩子道："宝贝，你把这些饭吃了，爸爸看见了一定会很高兴！""宝贝，你把这些饭吃了，等一下老师在小朋友们面前表扬你！""宝贝，你把这些饭吃了，等一下老师在放学的时候给你一朵小红花！""宝贝，你把这些饭吃了，你的身体就会变得棒棒的，身体就不会生病了……""宝贝，你把这些饭吃了，你就会长得又高又大……""宝贝，你快点把这些饭吃完了，要不然，你爸爸回来会生气的……""宝贝，你把蔬菜吃完后，我给你好吃的点心。"这样做会误导孩子的进食动机，其效果是暂时的；从长远来讲，这样做反倒会减弱幼儿的食欲，因为在这种情况下"吃饭"不是因为想吃，而是为了达到吃饭以外的目的，并且我们所列举的"吃饭理由"还缺乏相应的科学依据，如："吃饭了，就不会生病……""吃还是不吃？为什么不吃？不吃饭会死的，你想死吗？快吃！"——"吃"不能保证"不生病"，一般情况下"吃"和"死"也没有直接关系，幼儿如果看透了这一点，他更不会去吃。

正确培养孩子食欲的做法是：通过各种方法（如体育运动法、延迟进餐法、适当控制食量法等）让幼儿有了饥饿的感觉或等到他饿了时再给他提供吃饭的机会；同时，还要努力将饭菜做得赏心悦目、美味可口，让孩子一见到饭菜就有想吃的欲望。这才是培养孩子持久而旺盛的食欲的根本之法。

⑨绝对不能强迫孩子吃。

有些教育者为了保证幼儿生长发育所需要的营养，采取了"塞饭"的措施——没等幼儿咽下，便一口接一口地塞进去，幼儿的嘴鼓鼓的，嚼也嚼不动，有的甚至会呕吐，有的幼儿边咀嚼边流泪……如果经常如此，幼儿怎么会有食欲呢？消极的情绪状态是食物在人体内消化的极大障碍。

⑩要注意引导幼儿进餐的态度。

引导幼儿进餐时要注意态度，不同的态度会有不同的结果。许多教育者听到过一些所谓的育儿专家这样的建议："你把饭放在孩子面前以后就什么也不要说了。30分钟以后无论他吃掉多少，你都要把饭撤走，而且在下顿饭之前不要给他任何东西吃。"这话有一定的道理，因为只要幼儿饿了，他自然就会吃东西的。但是，这种做法只有在教育者不生气，而且不把它作为一种惩罚手段时才是正确的，与此同时，教育者还必须表现出心情愉快的样子。如果父母气哼哼地把饭菜"啪"的一声甩在孩子面前，十分严厉地说："你听着！你如果在30分钟内不把饭吃完，我就把饭端走。晚饭前你什么也甭想吃！"然后就站在一边盯着他，看他到底吃不吃，那么，这样的恐吓只会使幼儿更加没有食欲。因此，教育者引导孩子进食不仅要注意引导的方法，而且要注意引导的态度。

(3) 花样翻新，诱导食欲

给幼儿吃的食物，要注意新鲜和品种多样化，不仅要有蛋类、肉类，还要有各种蔬菜瓜果。实践证明，饭菜多样化、艺术化、色香味俱全是刺激幼儿食欲的好方法。

第六章 不良生活、学习习惯与教育

案例 6-13

调理孩子的胃口

女儿两岁半前是由乡下的外婆带的,女儿准备上幼儿园时,终于回到了我们的身边。在交接的过程中,外婆说,孩子什么都好,就是胃口不好。确实是这样,每次回去看女儿时,外婆总是忘不了唠叨一下孩子的胃口问题,外公和外婆为了外孙女能多吃点儿,真是想尽了一切办法。如:为了让外孙女更好地进食,他们向她许诺说,她吃一口饭就给她讲一个小故事;她吃完了菠菜,外公就给她表演一个小魔术;他们用一块点心、一块糖果或者其他各种小玩具作为奖品,诱惑外孙女吃饭……我们认为,女儿的胃口就是这样一天天地被他们弄坏的。可是外婆总是不认这个理。她常说:"我养过6个孩子,吃的盐比你们吃的饭还多。在养育孩子方面,你们没有资格来教训我。"当时,我们就想,只好等女儿回到我们身边后再调教了……

在调理女儿的胃口方面,我们除了注意循序渐进外,还注意了以下几个方面。

① 让孩子主动地吃。

在乡下时,外婆总是担心孩子吃得少,总是想方设法不分时间地给孩子喂食。她的理论是"能吃一口总比一口都不吃强",有时为了让孩子多吃一点儿,还会强灌,孩子只能将饭含在嘴里以示抗议。孩子回来后,我们可没有外婆那么"用心",我们总是在孩子饿的时候才喂她或者让她自己吃,并且在吃之前,我们总是征求她的意见——饿了没有,饿了我们就吃点东西——如果女儿说不饿,我们绝对不会强迫她吃。有时候到了用餐时间,女儿还没有饿的感觉,我们就适当地将进餐的时间往后移。慢慢地,女儿饿的时候就总会向我们提出吃的要求。渐渐地,女儿的"吃"由原来的"被动吃"转变为"主动吃",胃口当然比原来好多了。另外,女儿在乡下时总是由外婆喂着吃,而回来后,我们总是让她自己吃,因为我们觉得,对于孩子来说,别人喂她吃，她可能认为是负担，吃东西时，她是被动的——吃快或吃慢、吃多或吃少都是由成人来决定的，而让她自己吃，吃快吃慢或吃多吃少都由自己决定，这样，有利于培养她进食的主动性，也能让她充分享受吃饭的乐趣。

②注意食物及其烹调方式的变化。

由于乡下生活条件的限制，孩子吃的东西比较单调，比如，主食不是米饭，就是稀饭；菜不是猪肉，就是鱼，不是清蒸，就是水煮。我们认为，这可能也是女儿胃口不好的一个重要原因。女儿回来后，她不想吃饭，我们就给她换换口味，吃面条或饺子——多种形式的食物交替着吃。我们从来不让女儿对某种食物产生厌腻心理，有时还索性到外面去吃——吃与"家味"不同的东西，在与家庭进餐环境绝然不同的环境下进餐等，这些都有利于提高孩子的胃口。对同一种食物，采用不同的烹调方法也会使孩子胃口大开，例如：她不爱吃蛋，我们改做蛋糕等；她不吃青菜，我们在春卷、饺子等食物中加入青菜，女儿在不知不觉中就吃进了她平时不怎么爱吃的食物。另外，我们每次给孩子盛的饭菜都不多，因为我们知道，孩子不喜欢饭菜盛得过满，她怕吃不完或吃得慢而受到责备，她喜欢一次次地去添饭，并自豪地说："我吃了两碗、三碗！"这对提高其吃饭的成就感和增强其食欲都是有好处的。

③科学地安排孩子的零食。

许多人认为，吃零食会影响孩子的正常食欲，会使孩子到正餐时不好好吃饭，并且对孩子的牙齿有害，因此，主张不让孩子吃零食。我们认为，科学地安排零食不仅可以给孩子提供营养，而且可以给孩子的生活增添乐趣。女儿在乡下时，外婆给她吃的最多的零食就是糖果或巧克力（因为这些食物在乡下最容易买到）。孩子表现出外婆所期待的言行时，外婆就用糖果来奖励她；外婆教育孩子时，也常常用糖果作诱饵来诱导；孩子没事做时，也总喜欢叫外婆给她糖果吃……我们认为，孩子吃糖果过多，是其胃口不好的一个重要原因，因为孩子血液中的血糖含量过高，就会没有饥饿感，因而也就没有胃口，不想进食。女儿回来后，我们为女儿提供的零食既有质地较软的或流质的,也有质地较硬的;有水果类,也有坚果类和糖类、水产品类,保证女儿所获得的营养全面而均衡,且有利于其咀嚼功能的发展;同时,还根据孩子食欲不佳的情况,为孩子提供具有调理肠胃功能的零食,如梅子、山楂等。此外,我们还十分注意孩子吃零食的时间,孩子的零食一般安排在两餐的中间,这样就不会影响到其正餐的食欲。

④适当增加体育运动量。

我们认为,活动量不够也是影响孩子食欲的一个重要原因。因为外婆和外公都是70多岁的老人,虽然他们的身体都还很硬朗,但从生活方式来说,他们都是喜静不喜动——这刚好和幼儿的特点相反,孩子每天没有一定的活动量,不仅精神压抑,而且消化功能也会受到很大的影响。在乡下时,外婆对孩子的活动量往往是控制和压抑,而孩子回来后,我们则鼓励她多活动,并且时常和她一起到户外去玩,这对增强其体质,调整其胃口和心情都起到了十分积极的作用。

经过3个多月的调理,孩子的胃口比刚回来时好多了。我们从不为孩子的胃口问题而忧心忡忡,相反,我们总是以一种轻松的心情微笑地面对孩子的"吃饭"问题。我们相信,随着时间的推移,她的胃口会不断地好转。

案例 6-14

尊重幼儿的个别差异

班上有一个幼儿每次吃饭都是最后一名,老师没有认识到这是幼儿的个体差异,而要去"矫正"其行为——让他吃得快一点儿。老师在家园联系册上写上要求,请家长予以配合。几天后,家长给老师回信了。

"每次都盼望着阅读家园联系册,但今天看到老师们的来信,我的心情十分沉重……从另一角度来看,吃饭不好似乎也受先天不足的限制,给各位老师确实增添了很多的麻烦。除了歉意之外,请各位老师给予孩子更多的帮助。同时,诚挚地请求各位老师在吃饭的问题上少批评孩子。或许我的观点并不正确，但我认为：对孩子将来一生的成长来说，足够的自信、健康的心态才是最为重要的。如果从小因先天的因素，如吃饭慢等而习惯于做'最后一名'，习惯于被批评，或许有些不值。各位老师是否可以多给孩子一些鼓励、多创造一些机会让他不至于每次吃饭都是最后一名？"

我为这位家长的建议叫好！这位家长太富有专业的教育素养了！他在提醒我们，对于幼儿园教育来讲，什么才是最重要的。他在这方面的见解比我们许多自认为专业的幼儿教育工作者更专业。

三、挑食、偏食

（一）幼儿挑食、偏食的表现

挑食、偏食是指幼儿在进餐时表现出来的拒绝吃某种食物、对某种食物没有兴趣或特别偏好某种食物的不良饮食行为。中国医师协会营养医师专业委员会公布的调查数据显示：目前中国大概有40%以上的儿童存在挑食、偏食等不良饮食行为问题。

幼儿挑食、偏食的行为表现如下：

◆ 用语言来表达其对某些食物的厌恶。
◆ 当保教人员把某些食物放到他的碗里时，他表现出很厌恶。
◆ 设法把其所讨厌的食物从碗里弄走。
◆ 长时间把其讨厌的食物含在嘴里而不咽下去。
◆ 摆弄食物而没有将其放进嘴里的意思。
◆ 在吃东西时很少甚至根本不说话。
◆ 通常是最后一个吃完某种食物。
◆ 偷偷地将其厌恶的食物扔到地上或垃圾桶里。

若幼儿在吃某种食物时经常表现出上述行为,就说明该幼儿不喜欢这种食物。

案例 6-15

不喜欢吃馒头的小敏

早餐快结束了,老师开始催促没吃完的幼儿。小敏把自己的馒头扔到了地上,随后拾起馒头去找正在活动室前面忙活的老师。她对老师说:"馒头掉到地上了。"老师什么也没说,只是摆了摆手。小敏满脸笑容地走到垃圾桶旁边扔掉了馒头。

挑食、偏食不仅影响幼儿的身体健康,还影响其心理健康。研究表明,儿童出现的异常情绪或行为,除了一些是由疾病引起之外,还与挑食、偏食等不良生活习惯有关。研究者认为,挑食或偏食使孩子体内的某些营养成分过多或不足,影响了体内酶的激活,损害大脑,最后导致其生理或心理出现异常。如:好荤食的幼儿性暴气急,喜斗好动,不听劝阻;长期素食的幼儿则性情温良,少思寡怒,与世无争;偏爱甜食的幼儿喜欢哭闹,躁动不安且任性,常与老师唱对台戏,以拳脚攻击同伴,调皮捣蛋;过分嗜好咸食的幼儿极易出现贪睡不醒、整日昏昏欲睡的情况,等等。

(二)幼儿挑食、偏食的原因

研究表明,幼儿挑食、偏食的主要原因有如下几种:

1. 传染

研究表明,许多幼儿的挑食、偏食与教育者,特别是与父母的偏食有关。一般来说,偏食的幼儿在家不喜欢吃的食物,许多也是其父母不喜欢吃的。在喂养孩子的过程中,父母总是有意无意地将自己的饮食习惯甚至挑食、偏食的习惯"传染"给孩子。如，父母不喜欢吃牛肉，其家庭也就很少吃甚至根本不买牛肉类食品，或者经常有意无意地在孩子面前表现出对牛肉的厌恶，久而久之，耳濡目染，孩子也就厌恶这种食品。

2. 强化

许多幼儿的挑食、偏食是得到父母默许的。如，孩子挑食，老师对孩子的妈妈说，妈妈不以为然地说："没关系，幼儿园没法为我女儿做可口的饭菜，可以理解，晚上回家我再给她补补。谢谢老师的关心。"又如，爸爸妈妈带孩子去餐馆跟朋友一起吃饭，饭桌上，孩子把不爱吃的青菜都从碗里挑了出来，妈妈看到后跟朋友说："这个孩子就是不爱吃青菜，真不知道该拿他怎么办！"这种无奈等于默认和强化了孩子的挑食、偏食。

案例 6-16

不喜欢吃茼蒿的海涛

有一天，小朋友喝的是茼蒿蛋汤，范老师在海涛的碗里盛了半碗汤，他立马就大声说："我不喝汤！"范老师说："不行，汤要喝的，汤可以帮助你消化！"说完就去给别的小朋友盛汤了。不一会儿，就有小朋友来告状："范老师，海涛把菜都扔在桌子上了！"范老师一看有点儿生气了："海涛，你干什么？！不吃也不要扔桌子上啊！碗里还有一点点，你一定要把它吃掉！"范老师把桌面大致清理了一下，就走开了。

没想到，范老师刚走两步就听"咚"的一声，海涛把剩下的汤全都倒在桌子上了……

范老师努力控制住自己的情绪，先平静地看了看海涛身上有没有被汤溅到，然后搬了把椅子牵着他的手让他坐到旁边干净的地方，把桌面和地面清理干净后再来到海涛的身旁，轻声地问他："海涛，你没有喝汤，想不想喝水？"海涛摇摇头哭了："我不喜欢吃茼蒿，在家也不吃的。妈妈知道我不喜欢吃，从来不煮的。我不爱吃的东西，妈妈说可以不吃的。"

3. 溺爱

现在许多孩子都是独生子女,在家里得到长辈的百般溺爱,孩子喜欢吃什么就吃什么,不喜欢就不吃,久而久之孩子就形成了挑食、厌食的习惯。长辈为了让孩子多吃一点儿,平时总是尽量挑一些孩子喜欢吃的食物,嘴里还念叨着说:"××菜今天没有烧好,等会儿我来烧一个宝宝喜欢吃的菜。"或者指着孩子不喜欢的菜说:"这菜就是不好吃,我也不喜欢吃,难怪宝宝不喜欢。"如,某些小朋友看见肉就头疼,说是肥肉不要吃,吃了要吐的;瘦肉太硬了,要塞牙齿的——这些都与孩子在家里得到过分的迁就和呵护有关。

4. 食物自身的特点

某些食物的特殊味道并不是所有人都喜欢的。如,苦瓜的苦味,香菇、韭菜、洋葱和大蒜的香味,鱼的腥味,羊肉的膻味等,不少幼儿都不能接受。

另外,幼儿的牙齿正处于生长阶段,他们在吃瘦肉、牛肉等有纤维的食物时会塞牙,遇到某些偏硬、偏韧的食物可能咬不动,这也导致他们排斥这类食物。

案例 6-17

味道怪怪的"天山雪莲"

有一天下午,小朋友们吃点心,吃的是一种叫"天山雪莲"的有点像地瓜的东西,多数幼儿都拿了两片,只有小明拿了一片,他不喜欢吃,而且说:"这种东西味道怪怪的,我不喜欢吃。"在老师的强制命令下,他才很不情愿地咬了一口,然后跟老师说:"老师,我真的不想吃。"老师瞪了他一眼说:"这种水果是有营养的,不吃也得吃。"小明听了老师的话,又闭上眼睛咬了一口,最后,他还是吃不下,情愿站在一旁看,一口也不愿意咬。

5. 身体因素

有些幼儿挑食、厌食，是因为他们从一生下来就有独特的身体特征；有些孩子身体健康，什么东西都能吃；也有些孩子对某些食物过敏不能吃，如果吃的话会导致拉肚子、滑肠等现象，随着时间的增长，这样的孩子就会对一些食物厌倦、不想吃，到了幼儿园里看见这些食物，他会理所当然地对老师说："老师，这些食物我不能吃的，吃了会……"

案例 6-18

"挑食"差一点被误会

早上，小朋友们陆续来园。田田小朋友兴高采烈地怀抱着一袋东西对姚老师说："姚老师，这袋板栗给你吃。"姚老师说："谢谢你，我不吃，你自己留着吃吧。"田田还是坚持说："我不爱吃板栗，我妈妈也不吃。"说完他就跑开了。姚老师把板栗暂时放在了桌子上。下午吃午点的时候，小朋友们都在吃梨，田田手中拿着一个梨，犹犹豫豫的，姚老师忽然想起他不爱吃梨。这时，姚老师看到了桌上的板栗，就把田田叫过来："老师知道你不爱吃梨，那你吃板栗吧？"田田说："姚老师，我还是吃梨吧，我不爱吃板栗，我家还有呢。"

下午放学的时候，田田的妈妈来接他了。姚老师把板栗拿给田田的妈妈让她拿回家，田田却哭了。姚老师马上蹲下来问他怎么了。田田哭着说："姚老师，你就吃板栗吧，可好吃了。不是我不爱吃，我就是想给你吃。"孩子说出这样的话，姚老师的眼睛湿润了。这时，田田的妈妈说："姚老师，你就吃了吧。这板栗是老家的爷爷给他拿来的，很甜，他特别爱吃。就剩一袋了，他早上非要给你拿来。"姚老师把板栗留下一半，另一半让田田带回了家，田田高兴地走了。

（姚金爽、蔺雪茹，2008）

（三）幼儿的挑食、偏食行为与教育

根据幼儿挑食、偏食的原因和幼儿的心理特点，我们可以采取如下措施对挑食、偏食的幼儿进行教育。

1. 榜样激励法

首先，教育者应为幼儿树立一个良好的榜样。要求幼儿吃的东西，教师、父母也要吃，并且在孩子面前要通过语言、表情、行为表现出很喜欢吃的样子，这将激励幼儿去吃相关食物。如，有一次吃白萝卜，有的小朋友看见后说："我不喜欢吃萝卜，萝卜不好吃。"王老师听见后一边吃一边说："我最喜欢吃萝卜了，吃了萝卜又聪明又能干，还可以防治感冒。你们看看，老师小时候经常吃萝卜，所以长大后就做了老师。"小朋友看见王老师大口大口吃的样子，也纷纷效仿起来。当幼儿采取行动吃了他以前不怎么喜欢吃的食物时，要给予其及时的表扬和肯定。

幼儿喜欢模仿，也容易受感染。教师可利用幼儿的这个特点激发幼儿吃他们不怎么喜欢吃的食物的热情。又如，一部分幼儿不喜欢吃胡萝卜，张老师见状便很惊讶地说："啊，今天的菜是胡萝卜，我最爱吃了。哪个小朋友跟老师一样爱吃胡萝卜呢？"然后张老师表扬几个爱吃胡萝卜的小朋友，幼儿的情绪便高涨起来，争先恐后地吃了起来。

让有挑食、偏食习惯的幼儿和没有不良进餐习惯的幼儿在同一张桌子上进餐，在幼儿进餐时，教育者可表扬后者的良好进餐行为，进而带动前者渐渐地也吃得快、吃得香。

2. 故事法

幼儿都喜欢听故事。因此，教育者可选择或自编一些能帮助孩子了解偏食危害的故事讲给他们听，这样也会收到意想不到的效果。如，邵老师为了教育有挑食、偏食习惯的幼儿，编了一个《不爱吃饭的东东》的故事，故事中的东东是一个很爱吃零食、不爱吃青菜和饭的小朋友，渐渐地，他越来越瘦，像根豆芽菜，最后一阵风把他吹到了天上，再也回不来了。听完故事，小朋友们都说，我们什么都吃，就不会被吹到天上去了。再如，有位老师给小朋友讲故事《变不成蝴蝶的毛毛虫》：故事讲述了小毛毛虫因为挑食，不好好吃东西，最终遗憾地没有变成美丽的蝴蝶。老师启发引导幼儿改编故事和创设情境游戏等，让小毛毛虫认识到挑食的错误并改正这一错误，成功地变成了美丽的蝴蝶。

3. 动机迁移法

比如，我在见习中发现一个小男孩眼睛看着碗并没有要吃的意思。老师走过去问他为什么不吃饭，他说有西红柿，老师也听他的家长说他从来不吃西红柿。老师蹲在他旁边问他："你将来想做什么？"他说："我想当警察。"老师说："那你不吃西红柿，就不能长得很高大，将来就抓不了坏人了。"说完老师拿起勺子舀了一点点西红柿炒蛋和米饭给他吃，他为难地看看老师，老师摸了摸他的头并用肯定的眼光看着他，他把小嘴张开一点点，老师巧妙地送了一点进去，然后问他："好吃吗？"他点点头，然后老师再喂他，不时地肯定他并说："你这样好好吃饭，将来长大了一定能当警察抓坏人。"在老师的鼓励下，这一餐的西红柿炒蛋他全部吃完了。从那以后，这个男孩开始吃西红柿了。

上述矫正幼儿挑食、偏食的过程中所使用的方法就是动机迁移法：幼儿想当警察 → 警察需要好身体 → 要有好身体就得好好地吃饭。

4. 评比强化法

在班级中设立一个"健康饮食小明星"评比栏：设计一张表格贴在教室里醒目的地方，每天给不挑食、不偏食、不厌食的小朋友在表格里添画"小苹果"或"小星星"之类的奖励，每周评选"健康饮食小明星"，并把获得"健康饮食小明星"的小朋友的照片公布在"家园联系栏"中，让他们为自己的健康饮食行为感到自豪，也让其父母为其感到骄傲。

当幼儿能够把不喜欢吃的食物大口吃下去时，要及时拍照记录下来，和幼儿一起拿照片在老师、小朋友、家长等熟悉的群体中炫耀，让幼儿体验成功与骄傲。当幼儿表现出反复时，要及时拿出照片让其讲述当时的情景，并鼓励他："看！你那一天吃得多好，嘴巴张得像大老虎！你今天一定会吃得更好的。"如此鼓励、激励，幼儿就会表现出良好的饮食行为。

5. 游戏法

有一个幼儿不喜欢吃包子，老师就拿来一个包子和她一起吃，一边吃一边夸张地说："包子真好吃，我一口能把它咬出兔子的两只长耳朵……"在这种情境的感染下，幼儿会下意识地吃一大口，并注意观察自己咬出了什么"作品"。她会兴奋地说："你看我咬出了一座山……一棵树……"一个不爱吃包子的幼儿在不断探索"包子形状变化"的过程中就不知不觉地将包子吃完了。

以游戏化的方式给食品起个好玩的名字也可以激起幼儿的食欲。如，把"番茄蛋汤"说成是"太阳花汤"，把"胡萝卜炒饭"说成"五彩美丽饭"等，或者让幼儿来为某个食品起一个好玩的名字，并请他来说说是怎样想出来的，相信这样一来，幼儿会很自信、很开心，同时也会带来好食欲。如，有一次吃海带炒肉丝，一位老师请小朋友们来给这道菜起个好听的名字，一个幼儿看了后说："我给它起一个'蚂蚁跳绳'的名字，海带像绳子，肉丝像小蚂蚁。"另一个幼儿则说："我给它起一个'躲猫猫'的名字，肉丝躲在海带里面，要翻出来才能看见……哈哈哈，老师，我起的名字好听吗？"就这样幼儿会因为自己起的菜名很好听，觉得自己了不起而努力吃完这些饭菜。幼儿对此有了兴趣后，对每一种饮食都会做丰富的艺术联想，从而食欲大增。

6. 开展食育活动

食育就是指良好的饮食习惯的培养教育。食育的对象包括幼儿，也包括家长。因为食育方面的知识和技能是家长和孩子都缺乏的，这也是导致幼儿甚至家庭挑食、偏食的一个重要原因。由于缺乏食育方面的知识和技能，许多家庭在饮食方面存在如下问题：

（1）不懂吃

绝大部分家长和幼儿不懂得食品的营养分配比例，甚至不懂得有些食品的危害，盲目地以貌取材，以贵取材，如以饮料代替白开水，以果汁代替水果，喜爱色彩鲜亮、形体硕大的瓜果蔬菜等。

（2）惯着吃

在城乡，大多数幼儿园门口，一到下午放学时段，门口就会云集一些流动摊贩，卖羊肉串、烤红薯、煮玉米……孩子们吵着要吃，家长也很无奈，明知不卫生，也只能顺着孩子，长此以往，就形成孩子任性的饮食习惯。

通过食育课堂，可让家长和幼儿获取有关蔬菜、水果以及主要食物的营养方面的知识和科学营养的饮食搭配的原理；让幼儿知道拥有一个健康的身体是老师和爸爸妈妈的共同心愿。

7. 家长不要过于迁就孩子的食物偏好

当孩子挑食、偏食时，家长要告诉孩子，什么食物都要吃，这样身体才能健康，不要过于迁就孩子的食物偏好。对于孩子不感兴趣的食物，要通过逐渐加量让孩子喜欢该食物。平时，父母不要在孩子面前谈论他不喜欢吃的食物的"不好"一面，也不要当着孩子的面对其他人说："我家孩子不爱吃……"因为你的消极谈论和暗示也会影响到孩子对该食物的好恶。

当然，在引导幼儿吃他不怎么喜欢吃的食物时，要有足够的耐心，要努力做通他的工作，让他愿意吃；千万不可采取强制手段让孩子吃他不喜欢吃的食物，因为这样只能使幼儿更加相信该食物的"不好"，更加讨厌该食物，进而失去对该食物的胃口。也不要说"把蔬菜吃完才能吃点心"，否则只能进一步打消幼儿对蔬菜的兴趣而增加对甜食的欲望，造成事与愿违的结果。

8. 改善烹调技术，注意花样创新

为了让幼儿营养平衡，必须帮助他们改掉挑食、偏食的不良饮食习惯。我们不主张采取强行命令方式胁迫幼儿吃他们不喜欢吃的东西，而是主张改变烹调方法，让幼儿不知不觉中喜欢上他原来不喜欢吃的食物。如，有的幼

儿不吃鸡蛋黄，可以把生鸡蛋与面粉调和在一起，烹制鸡蛋软饼或鸡蛋面条；有的幼儿不吃胡萝卜，可以做胡萝卜猪肉馅包子或饺子；还有的幼儿特别喜欢颜色鲜艳的食物，如果视觉效果不好，不管食物如何美味也没兴趣，所以烹制食物要努力做到色、香、味俱全；偏食的幼儿大都不喜欢吃体积比较大的食物，因此炊事员加工食物的时候要做得细一些、软一些，这样幼儿就比较容易接受；有些幼儿不吃肉块但吃肉丸，因此炊事员可以将肉做成肉丸……只要肯动脑筋，总能以幼儿喜欢的方式烹制出他们喜欢的食品。

四、注意力不集中

（一）幼儿注意力不集中的表现

幼儿注意力不集中是指幼儿没有将注意力集中在应该关注的活动上。它主要表现为：眼神游离、眼睛看别处、东张西望、玩弄玩具或其他物品、胡言乱语、指手画脚、坐立不安、坐姿不端正、随意走动、突然站起、发出响声怪声、摔扔东西、与同伴乱说话、挤同伴、玩触同伴的身体或物品等。

注意力不集中明显影响到幼儿学习、工作的效率，如果形成注意力不集中的品性，对其今后的学习和工作都会有不好的影响。

（二）幼儿注意力不集中的原因

研究表明，幼儿注意力不集中的主要原因有七种。

1. 身体不适

如，在一节公开课上，老师在上面讲课，一个孩子在底下因"背痒"而"乱动"，并且带着渴望得到帮助的眼神看着老师喊："老师……"可是，没等孩子继续说下去，老师就立刻制止说："等下课后再……"结果孩子在整个教学活动过程中都在开小差、乱动。

在集体教学活动过程中，尿急、大便急、肚子痛、发热、流汗等都会成为导致幼儿注意力不集中的因素。

2. 内心有牵挂

一次教学活动中，李老师正在给全班的孩子讲《萝卜回来了》的故事。慧玲总是不停地把头转向门口，不用心听李老师讲课，李老师暗示了她几次都不见效果。后来李老师了解到，慧玲的妈妈早上对她说今天要带慧玲去外婆家，下午会很早就来接她，可是妈妈还没有来。

如果后续活动是幼儿特别感兴趣和期待的，并且这些将要进行的活动被幼儿预先知道了，那么，这些活动就会成为幼儿在当前活动中注意力不集中的诱因。

3. 幼儿的神经系统功能发展不完善

幼儿神经系统发展的特点是兴奋和抑制发展不平衡，兴奋占优势，幼儿易兴奋且难以控制自己，这就导致了幼儿容易被新异事物吸引而注意力不集中。

4. 幼儿的自控能力差

幼儿也知道在教学活动中开小差不好，却控制不了自己，还是会随意地做小动作、说小话、发出怪声等。

5. 幼儿的心理需要没有得到很好的关照

在集体教学活动过程中，教师提出问题后，许多幼儿都积极地举手要发言，有的甚至跑到老师跟前大喊："老师，叫我！老师，叫我！"可是，老师只叫了端坐得很好的某个小朋友起来回答问题，这样，其他幼儿的自我表现欲望受到了压制，当这个小朋友起来回答问题时，其他小朋友就会心不在焉，开始开小差。

6. 外界干扰

容易引起幼儿开小差的外界因素有：活动室外小朋友的嬉戏声；活动室里的温度太低或太高；活动室里的装饰过于繁杂，有不规则的音响、光亮、物体晃动；教师过于华丽奇异的穿着打扮；教玩具过早地落到幼儿的手上；

教师在组织教学活动，而保育员在教室后面进进出出；幼儿随身带有具有吸引力的东西；幼儿身上的衣物好玩等。

7. 教学活动没有按幼儿的身心特点来设计与实施

案例 6-19

哭泣的小河

危老师给小朋友们讲故事《哭泣的小河》，呼吁大家树立环保意识。危老师说："原本清澈的小河变得黑乎乎的，而且充满臭气，小河伤心地哭了起来……"小朋友们在下面开始交头接耳。危老师说："请安静！"小朋友们随声附和："我安静！"可是课堂上仍是一片喧闹。

危老师提高了声调说："小朋友们，请安静！"大家稍微安静了一些。危老师又说："小河哭了起来……"危老师才讲了一句，小朋友们就又开始说话聊天。危老师说："请你跟我拍拍手！"幼儿齐声说："我跟老师拍拍手！"只有部分小朋友跟老师拍起手来。小朋友们静不下来，没办法，危老师只好宣布下课。

在危老师组织的教学活动中，幼儿之所以总是开小差，其根本原因就在于教学活动的内容和形式不符合幼儿的身心特点，过于单调乏味，整个教学活动从内容到形式对幼儿都没有吸引力。

（三）幼儿注意力不集中与教育

根据引发幼儿注意力不集中的原因和幼儿的心理发展特点，我们可以采取如下措施有效地应对幼儿的注意力不集中问题。

1. 幼儿注意力不集中的预防之法

为了防止幼儿在教学活动过程中注意力不集中，可以采取以下措施进行预防：

(1) 教学内容来自幼儿的生活，又高于幼儿的生活

来自幼儿生活的内容容易引起幼儿的兴趣，幼儿容易理解；同时，它又要有一定的挑战性，这样的内容容易引起幼儿的持续关注。远离幼儿生活的教学内容，幼儿没有兴趣，也不易理解，自然也就容易注意力不集中。

(2) 让每个幼儿都有具体的任务

在教学活动过程中，要让每个幼儿都有具体的活动任务，这样，他们有事可做，就不会开小差。看着别人做事（如看着别人操作材料、听着别人回答问题），自己无事可做，幼儿就容易注意力不集中。

(3) 尽可能地让幼儿手上有操作材料

操作是幼儿发展的基础，也是幼儿发展的动力源泉，同时，还是集中幼儿注意力的一种手段。因此，要尽快结束幼儿徒手参加教学活动的局面，要努力让每个幼儿手上都有操作材料，让他们在操作与探索的过程中学习和发展。

(4) 教学活动要游戏化

游戏是幼儿的基本活动，幼儿园里的所有教学活动都应以游戏的方式来展开，而不应以"教师讲、幼儿听"这种方式来进行。教学活动游戏化会让整个教学活动充满活力。

(5) 以符合幼儿需要的方式来设计和实施教学活动

幼儿园教学活动的设计与实施不只是要考虑如何将知识传授给幼儿，更要考虑如何以符合幼儿需要的方式来进行。只有那些能给幼儿带来满足感的教学活动，才能让幼儿发自内心地喜欢，也才能让幼儿专心致志，乐在其中。

因此，在设计和实施教学活动的过程中，我们除了要考虑将什么样的知识传授给幼儿外，还要考虑在整个教学活动过程中如何更好地满足每个幼儿的自我表现需要、成功需要、关爱需要、尊重需要、交往需要、归属需要、自由自主需要，让每个幼儿的需要在教学活动过程的各个环节中都获得适度的关照，只有这样，教学活动才能变成幼儿发自内心地向往的活动，他们在教学活动过程中才会神情专注，不开小差。

著名思想家沃洛德考夫斯基曾说："我从来不说'调动孩子的积极性'，因为那将会剥夺他们自己的选择。"我们不应过度依赖外部刺激来激发和维持幼儿的注意力，而应通过科学的设计让幼儿从教学活动过程中获得乐趣，进而专注于教学活动，这种发自内心的专注力才是永久性的。一个始终活在他人眼中的人，一个始终靠外在的刺激来调动积极性的人，是不可能取得一流成就的，也不可能从学习活动中获得属于自己的幸福与快乐。

2. 幼儿注意力不集中的应对之法

当幼儿注意力不集中时，教师可以采取以下措施有效应对：

（1）凝视

当某一两个幼儿注意力分散时，教师可暂时停讲，凝视注意力分散的幼儿或向其摇摇头等。

（2）邻近控制

为了使信号更加有效，教师可一边凝视，一边走近注意力分散的幼儿。

（3）特殊安排

当某一两个幼儿反复出现注意力分散行为时，教师可以将其座位安排在靠近老师的地方。

（4）直接批评

当某个幼儿注意力不集中时，教师可直接点名批评他，以达到警示教育其本人和其他幼儿的目的。

（5）表扬他人

教师还可通过表扬注意力集中的幼儿来达到让所有幼儿注意力集中的目的。比如，教师在混乱的班级中发现有几个注意力特别集中的幼儿端坐着听课，教师就可以对全班小朋友说："××小朋友的注意力最集中，我看谁能像他一样。""××小朋友听得最认真了，眼睛一直看着老师。""××小朋友坐得最好了，两脚并得好好的，一动不动的。""我发现××小朋友表现得很好，一点都不吵闹,我想和他做游戏。""××小朋友坐得真好。他听课认真,还大胆举手回答老师提出的问题。"其他小朋友听了会很快模仿这些小朋友,专注于教学活动。

(6)许诺

多数幼儿在教学活动中都注意力分散时,教师可利用教学活动后的"好处"来让小朋友们控制自己,进而专注于教学活动。比如,教师可以说:"如果大家现在好好地听课,今天放学时,老师给每个小朋友发一朵小红花。""老师一会儿要给听课认真的小朋友一颗五角星。""如果……老师将……"

如果上述应对之法频繁地使用后仍然无明显的效果,则说明当前的教学活动不适合幼儿,因此,应该果断地放弃当前的教学活动——放弃原来设计好的教学活动形式,甚至放弃原来设计好的整个教学活动。

3. 幼儿注意力集中的训练之法

为了集中幼儿的注意力,平时教师可以和幼儿经常玩以下的游戏。

游戏1

开 火 车

【活动目的】

锻炼幼儿注意力的集中和持久性。

【活动过程与要求】

参加开火车游戏的小朋友围坐成半圆形,最前面的是"司机"。游戏开始时,幼儿集体唱儿歌:"我的火车好,我的火车快。运粮食,运钢材,运到全国各地来。找个好伙伴和我一起开。谁是你的好伙伴?快快把他请出来。"然后,"司机"说:"×××请你快出来。"被请到的小朋友与"司机"对换座位。游戏周而复始。

这个游戏要求每个幼儿必须注意力稳定、集中,这样才能与小朋友一齐正确唱儿歌,确保听清下一个"司机"的名字是谁,若是请到自己,要立刻换座位，否则要受罚。

游戏 2

看谁串得最多

【活动目的】

锻炼幼儿注意力的持久性。

【活动材料与要求】

活动材料：木珠若干，根据不同年龄，可在色彩、大小、数量上有所区别。年龄越小的幼儿，串珠的色彩越要鲜艳漂亮，珠子可大些，数量相对减少；年龄大的幼儿，串珠的色彩可稍单一，珠子可小些，数量相对要多。

活动要求：参加游戏的幼儿要尽量串得快、串得多。可以在同一单位时间内看谁串得多；也可以要求串相同数量的木珠，看谁串得快。

游戏 3

听 命 令

【活动目的】

锻炼幼儿的专注力。

【活动过程与要求】

选 1 名幼儿做队长，站在房间的一边，其余幼儿面对他站在另一边。队长在发命令（如"鞠躬"、"立正"、"踏步"、"拍手"、"跺脚"等）时，自己既可以做相应的动作，也可做不相干的动作。其余的幼儿则必须按照队长的口头命令做动作，不应受队长动作的影响。未根据队长的命令而做错动作的幼儿即离开游戏。最后离开游戏者为胜，可接任"队长"。

游戏 4

踩 缝 走

【活动目的】

锻炼幼儿的耐心和注意力。

【活动过程与要求】

在空地上画好略宽于幼儿脚掌宽度的两道平行线,要求幼儿在两线中间行走。开始可让幼儿沿直线走,熟练后适当增加难度,如让孩子沿着地面上画的路线倒退走。

游戏 5

躲 地 雷

【活动目的】

让幼儿注意地面的障碍,训练幼儿注意力的稳定性。

【活动过程与要求】

在地上放若干障碍物当作地雷,可以是足球、积木、实心球等,各种物品之间有一定的间距。在穿越"雷区"的过程中,碰到"地雷"就算输了,要重新再来新的一轮。可以让几个幼儿比赛,看谁走得最远、最快。

游戏 6

抓 尾 巴

【活动目的】

锻炼幼儿注意力的分配能力。

【活动过程与要求】

准备一条1米多长的绳子(不可过细)。教育者拉着绳子的一端在前面跑,幼儿在后边追,想办法抓住绳子的另一端。熟练后可适当增加难度,如让绳子做不规则的曲线运动，幼儿要更加专注和灵活才能成功地抓到绳子。

游戏 7

夹 珠 子

【活动目的】

训练幼儿对物体特征的注意，培养幼儿注意力的持久性和稳定性。

【活动过程与要求】

教育者准备一盒红、白、蓝、黄四种颜色的珠子及同样颜色的盒子，让幼儿在规定时间内将珠子一一夹入同样颜色的盒子里，要求夹得既准确又快。在相同的时间里，正确夹入珠子多的人获胜。

游戏 8

我们都是木娃娃

【活动目的】

锻炼幼儿注意力的持久性。

【游戏儿歌与玩法】

游戏儿歌：我们都是木娃娃，一不许哭，二不许笑，三不许露出大门牙。

游戏玩法：幼儿齐念儿歌，儿歌念完以后，教师做出各种滑稽的表情或动作，尽量地逗幼儿笑，幼儿坚持10秒不笑者为胜。

游戏 9

嘴巴手指不一样

【活动目的】

锻炼幼儿注意力的专注度。

【活动过程与要求】

幼儿和教师一起边拍手边说："嘴巴手指不一样！"教师任意说一个数字，

如"3",幼儿要一边说"3",一边用手比画出其他数字,即幼儿说出的数字和手指表示的不能一样。如果说的和做的是一样的,就要接受惩罚。

游戏 10

说的做的不一样

【活动目的】

锻炼幼儿的专注力。

【活动过程与要求】

幼儿和教师一起边拍手边说:"说的做的不一样!"教师从"左"、"右"、"上"、"下"、"前"、"后"中任意选一个字,如"左",幼儿要一边说"左",一边用手指向"非左方向",即幼儿说出的字和手指指向的方向不能一样。如果说的和指的方向是一样的,就要接受惩罚。

游戏 11

颠 颠 倒 倒

【活动目的】

锻炼幼儿的专注力和敏感反应能力。

【活动过程与要求】

玩相反口令动作,如:老师说大,幼儿说小;老师说高,幼儿说矮。熟悉后可配合动作,老师说大,幼儿不仅嘴里说"小",还要用手比画出"小"。

玩多次后,可以加上大动作,老师说"前进",幼儿说"后退"并做出相应的动作;老师说"站起来",幼儿说"蹲下去"并做出相应的动作。

参 考 文 献

[1] Saifer S. 幼儿教师工作高效应对策略[M]. 曹宇,译. 北京:中国轻工业出版社,2012:292-301.

[2] 莫源秋,韦凌云,刘揖建. 幼儿常规教育指导手册[M]. 北京:中国轻工业出版社,2012:123-130.

[3] 晏红. 幼儿教师与家长沟通之道[M]. 北京:中国轻工业出版社,2012:82.

[4] Essa E. 幼儿问题行为的识别与应对:教师篇[M]. 王玲艳,张凤,刘昊,译. 北京:中国轻工业出版社,2011:24-25.

[5] 陈帼眉,姜勇. 幼儿教育心理学[M]. 北京:北京师范大学出版社,2007:117.

[6] 莫源秋. 幼儿园心理卫生保健工作指导[M]. 南宁:广西人民出版社,2005:120-130.

[7] 张若水. 尿裤子以后[M]//吴晓燕. 走进童心世界:幼儿教师优秀笔记集粹. 北京:北京师范大学出版社,2000:109.

[8] 吴彦云. 谁的过失[M]//吴晓燕. 走进童心世界:幼儿教师优秀笔记集粹. 北京:北京师范大学出版社,2000:111.

[9] 陈晶. 关注幼儿园里的"厌食儿童"[J]. 学园,2013(7):194-195.

[10] 刘玉红,刘晶波. 对幼儿园纪律教育的思考:从教师的观念和行为谈起[J]. 幼儿教育,2011(12):34-35.

[11] 幼儿挑食、厌食的成因与对策[J]. 现代幼教. 2008(4):55-56.

[12] 张倩. 孩子尿裤子有感[J]. 早期教育:教师版,2008(3):24.

[13] 姚金爽,蔺雪茹. 老师,不是我不爱吃[J]. 早期教育:教师版,2008(2):35.

[14] 刘英. 幼儿进餐教育存在的问题和解决策略 [J]. 早期教育：教师版，2008（1）：16-17.

[15] 王怡，王冬兰. 幼儿园中作为社会化代理的教师 [J]. 学前教育研究，2005（6）：35.

[16] 李丽英. 如何保持幼儿旺盛的食欲 [J]. 教育导刊：幼儿教育，2003(2/3)：82-83.

万千教育 学前教育类书目

书号	书名	著、译者	定价(元)
幼儿园教师专业成长指导			
2547	认识婴幼儿的游戏图式	张 晖 等 译	48.00
2113	做会沟通的幼儿教师	胡剑红 等 主编	38.00
2236	幼儿园文案撰写规范与技巧	刘 敏 等 著	52.00
2311	幼儿园探究性环境创设（四色）	康 丹 等 译	48.00
2056	小脑袋，大问题（四色）	孟 晨 译	48.00
2309	破解幼儿园教师的90个工作难题	杜长娥 徐 钧 主编	52.00
2112	幼儿园优质教研活动设计方案	朱 清 等 著	38.00
1781	给青年幼儿教师的建议	吴邵萍 著	40.00
8470	答新手幼儿教师120问	刘洪霞 主编	28.00
1798	幼儿园新手教师指导手册	王 芳 等 著	48.00
1783	从新手到骨干——幼儿教师专业成长故事	尹坚勤 编著	42.00
1780	幼儿教师追求幸福的方法	余胜兰 著	42.00
9111	做个幸福快乐的幼儿教师 ——为你的专业成长支招	莫源秋 著	28.00

9047	幼儿教师临场应变技巧60例	冯伟群 著	25.00
8930	幼儿教师易犯的150个错误	伍香平 编著	32.00
0070	幼儿教师必知的礼仪规范	向多佳 编著	38.00
9611	幼儿园教师必知的60条教育政策与法规	洪秀敏 编著	34.00
幼儿园教师专业成长指导系列合计			681.00
幼儿园教师教学技能与活动指导			
2727	从头到脚玩绘本（全彩）	董旭花 张海豫 主编	78.00
2253	理解儿童心理从绘画开始（全彩）	陈侃 著	38.00
0760	幼儿园备课·说课·听课·评课	俞春晓 等 著	42.00
9499	幼儿教师必须修炼的10项教学技能	俞春晓 著	25.00
9454	幼儿园教学诊断技巧与对策58例	王春燕 等 著	38.00
9612	幼儿园综合主题活动 ——设计技巧与优秀案例	赵旭莹 等 主编	42.00
1235	幼儿园绘本美术活动创意设计（全彩）	郭莉萍 赵福云 主编	68.00
9323	幼儿园美术活动创意设计（全彩）	罗梅 赵福云 主编	56.00
0180	给幼儿教师和家长的81条美术教育建议（全彩）	李力加 著	62.00
9150	幼儿园节日活动精彩设计方案	刘洪霞 主编	35.00
9590	幼儿园语言活动创新设计	郭咏梅 著	32.00

……
欲了解更多图书信息，请登录：www.wqedu.com
联系地址：北京市西城区三里河路6号院2号楼213室　万千教育
咨询电话：010-65181109，65262933
*本目录定价如有错误或变动，以实际出书为准。